Hochleithner

Welse

AquaTech
Publications

Meinem
Kamerad und Kollegen

Dr. Paul Vecsei

für die jahrelange Freundschaft und Verbundenheit
gewidmet.

Martin Hochleithner

WELSE
(Siluridae)

Biologie und Aquakultur

AT ***Ratgeber***

Impressum

1. Auflage, 2006, 160 Seiten.
2. Auflage, 2019, 176 Seiten.

Titelbild: *Silurus glanis*
Foto: Martin Hochleithner

AquaTech Publications
Unterbrunnweg 3
6370 Kitzbühel, Austria

http://www.aqua-tech.eu
http://www.aquaculture-com.net
http://members.a1.net/aquatech

Printed in Germany by:
Books on Demand GmbH, Norderstedt
ISBN 978-3-902855-27-5

Inhalt

Danksagung

Auch dieses Buch wäre ohne die Hilfe einiger Wissenschaftler und Praktiker sicher nicht so attraktiv geworden. Daher möchte ich allen, die meine bisherige Arbeit mit Welsen unterstützt und ermöglicht haben, sowie zur Erstellung des vorliegenden Buches beigetragen haben, recht herzlich danken.

Mein besonderer Dank gebührt:

Herrn
B.Sc. Heok Hee Ng
Ann Arbor/Michigan
für die Unterstützung beim Artenteil,

und

Herrn
Günter Feuerstein
Diepoldsau/Schweiz
für die Anmerkungen zur Angelfischerei,

sowie

Herrn
Mag. Nikolaus Schotzko
Innsbruck/Österreich
für die kritische Durchsicht des Manuskripts.

Nicht die Großen
werden die Kleinen fressen,
sondern die Schnellen die Langsamen.

(Heinz Peter Halek)

Vorwort

Seit der ersten Auflage ist nun mehr als ein Jahrzehnt vergangen und die Zucht und Produktion von Welsen hat sich wesentlich weiterentwickelt und ist stark angestiegen. Die Produktionszahlen an Eurasischen Welsen (Siluridae) in der Aquakultur zeigen insbesondere deshalb einen Anstieg, weil nun auch China seit dem Jahr 2003 seine Produktion der FAO meldet. So stieg die Produktion alleine in China von 183.000 t im Jahr 2003 um 177 % auf 325.000 t im Jahr 2009. Im Mittel betrug die weltweite Produktion an *Silurus* spp. in den Jahren 2003-2009 jährlich 271.452 t, davon entfallen auf *Silurus asotus* über 99 % (270.267 t), auf China rund 98 % (266.200 t), und der Rest (1.185 t) auf *Silurus glanis*.

Inzwischen haben sich auch die Kenntnisse über die Biologie einiger Arten wesentlich verbessert. Zahlreiche Erfahrungen im In- und Ausland sowie interessante Daten und Informationen konnten gesammelt und einige Abbildungen hinzugefügt werden. In Asien wurden vor kurzem auch einige neue Arten beschrieben, die in dieser Auflage nun ebenfalls enthalten sind.

Ich hoffe, dass sich unsere Kenntnisse über die Biologie der Welse in der Zukunft weiter vertiefen werden, und sich damit die Techniken in der Aquakultur verbessern lassen und die natürlichen Bestände der Welse erhalten bleiben.

Kitzbühel, im Frühjahr 2019

Martin Hochleithner

ALLGEMEIN

Einleitung

Welse sind stammesgeschichtlich relativ alt und bereits aus der Periode des Tertiärs bekannt. Als Raubfische haben sie schon früh die Aufmerksamkeit von Fischern, Gewässerbewirtschaftern und Biologen auf sich gezogen. Aufgrung ihres grätenlosen, schmackhaften Fleisches zählen sie zu den begehrten Fischarten und haben eine besondere Bedeutung für die Erhaltung des biologischen Gleichgewichts in den Gewässern. Einige Welsarten sind interessante Fische für die intensive Aufzucht in der Aquakultur und es ist zu erwarten, dass sich deren Zucht und Haltung noch wesentlich ausdehnen und weiterentwickeln wird.
Das Buch entstand aus der Idee, für die Arbeit und die Produktion von Welsen die wichtigsten Ergebnisse und Informationen zusammenzufassen und eine Anleitung für Interessierte zu erstellen. Um die Zusammenhänge für die Vermehrung und Aufzucht, aber auch den Fang und die Bewirtschaftung zu verstehen, ist die Biologie der einzelnen Arten von besonderer Bedeutung. Daher soll hier ein Überblick über alle Gattungen und Arten der Familie der Siluridae gegeben werden.
Die Ordnung der Siluriformes (Welsfische) ist eine sehr umfangreiche Fischordnung mit rund 3.000 Arten, wobei etwa die Hälfte alleine in Südamerika vorkommt. Auf allen Kontinenten, ausgenommen der Antarktis, ist sie vertreten. Zu ihr gehören sowohl winzige, nur wenige Zentimeter große, als auch riesige Arten, die mehrere Meter lang und hunderte Kilogramm schwer werden können. Arten einiger Familien (*Clariidae, Ictaluridae, Pangasiidae, Pimelodidae, Siluridae*) haben eine relativ große wirtschaftliche Bedeutung und werden in der Aquakultur vermehrt und produziert.
Die Familie der Eurasischen Welse (*Siluridae*) ist meist nur im Süßwasser der Nordhalbkugel verbreitet. Der Aquakulturteil bezieht sich hauptsächlich auf die wirtschaftlich interessanten und schnellwüchsigen Arten der Gattung *Silurus*, viele der Angaben und Informationen können aber auch auf andere Welsarten umgelegt werden. Um lesbar zu bleiben, beschränkt sich dieses Buch auf das Wesentliche. Falls nichts anderes angegeben, gelten die üblichen Richtwerte. Für weitergehende Informationen darf auf die Literaturangaben im Anhang verwiesen werden.
Ich hoffe, Sie haben Freude mit diesem Buch und wünsche Ihnen Erfolg bei der Beschäftigung mit Welsen, sowie ein kräftiges Petri Heil.

Kitzbühel und Frankfurt, im Sommer 2005

Martin Hochleithner

Körperbau

Eurasische Welse (Siluridae) besitzen einen lang gestreckten, seitlich zusammengedrückten Körper mit 40-75 Wirbelknochen. Die Halswirbel sind (wie auch bei den Karpfenfischen) zum "Weberschen Organ" zusammengewachsen (siehe Abb.), welches die Schwimmblase mit dem Innenohr verbindet. Auf diese Weise können so Druckänderungen und Schallwellen besonders gut wahrgenommen werden. Hinter dem Weberschen Organ befinden sich die echten Rippen tragenden Rumpfwirbel und anschließend folgen die Lenden- und Schwanzwirbel. Die Wirbelkörper sind zylindrisch und an den Endflächen beiderseits konisch vertieft (amphizöle Wirbel). An diesen konischen Endflächen sind deutlich rillenartige, konzentrische Zuwachsstreifen erkennbar, anhand derer das Alter der Fische bestimmt werden kann. Die Zuwachsringe: vorzugsweise am ersten Rumpfwirbel - sind bei direkt auffallendem Licht relativ gut zu erkennen. Die Winterringe sind plastisch hervortretend, sowie dunkler und schmäler als die Sommerringe.
Der Kopf ist meist etwas zusammengedrückt und die Maulspalte kann bis hinter die Augen reichen. Das nicht vorstülpbare Maul ist an Unterkiefer (Dentalia), sowie Zwischenkiefer (Praemaxillare) und Pflugscharbein (Vomer) mit zahlreichen niederen, nach hinten gerichteten, konischen Hechelzähnen besetzt (siehe Abb.). Das Oberkiefer (Maxillare) ist zahnlos und zurückgebildet (außer bei den Diplomystidae und den ausgestorbenen Hypsidoridae). Am Kopf sitzen 1 Paar lange Bartfäden am Oberkiefer und 1-2 Paar kurze Bartfäden am Kinn; Nasenbarteln fehlen. Bei einigen Arten (*Ompok, Pterocryptis, Silurus, Wallago*) bildet sich oft das zweite (hintere bzw. äußere) Paar Barteln am Kinn in der Jugend mit einer Größe von 2-15 cm Länge wieder zurück. Die beweglichen Barteln am Oberkiefer besitzen einen zentralen Knorpelstab, der von Bindegewebe umhüllt ist. Die eher unbeweglichen Barteln am Kinn haben eine etwas andere Struktur, sind aber auch mit Blutgefäßen und Nervenbahnen versehen. Barteln sind Sitz von Tast- und Geschmacksrezeptoren und dienen der Orientierung im trüben Wasser. Welse sind damit in der Lage, einer bis zu zehn Sekunden alten Wasserwirbelspur von Fischen zu folgen und diese aufzuspüren, ohne sie sehen zu müssen.
Wie bei allen Siluriformes sind Praeoperculare und Interoperculare relativ klein. Das Mesopterygoid ist stark reduziert. Ectopterygoid, Symplecticum, Suboperculare und Basihyale fehlen.

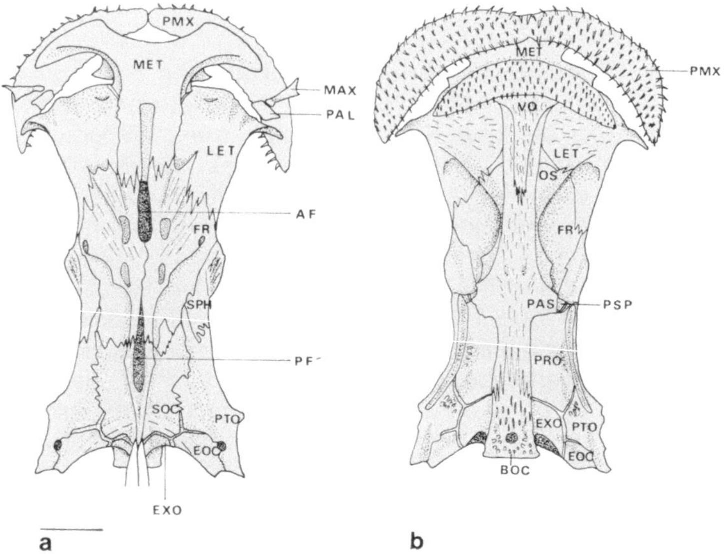

Schädelskelett von *Silurus meridionalis* (Ansicht: a - dorsal, b - ventral).

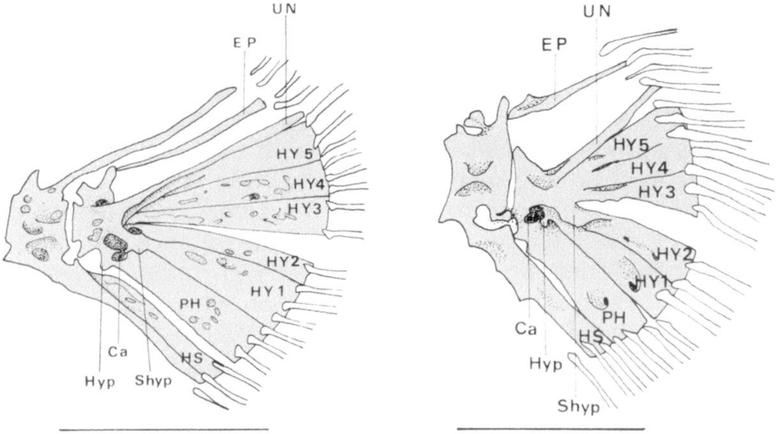

Schwanzflossenskelett von *S. aristotelis* (links) und *P. cochinchinensis* (rechts).

Maßeinheit = 1 cm.

(Nach: Kobayakawa, 1989)

Die 7-21 Branchiostegalstrahlen sind nicht zusammengewachsen und die Kiemenhaut ist meist nur im vorderen Teil mit dem Isthmus verbunden. Die Kiemenöffnungen sind sehr weit und die Anzahl der Kiemenreusendornen kann bis über 30 betragen.
Die stets runden vorderen Nasenöffnungen sind von den hinteren, die eine Klappe besitzen, getrennt. Die Augen sind bei allen Siluriformes relativ klein. Anders als die Familie der Clariidae und Heteropneustidae, haben die Siluridae kein Kiemensack-Atmungsorgan, das die Aufnahme von Sauerstoff aus atmosphärischer Luft ermöglichen würde.
Die Haut ist bei allen Siluriformes schuppenlos, atmungsaktiv und mit zahlreichen Schleimdrüsen und Tastzellen ausgestattet. Der Anteil der Hautatmung ist von Wassertemperatur und Sauerstoffgehalt abhängig und kann bis zu 25 % der Gesamtatmung betragen. Die meisten Tastzellen befinden sich auf den Barteln und um das Maul sowie am Rand der Brust-, Bauch- und Schwanzflossen.
Falls überhaupt vorhanden, ist die Rückenflosse kurz, mit weniger als 7 Weichstrahlen und meist ohne Hartstrahlen. Die Afterflosse ist mit 40-110 Weichstrahlen sehr lang und reicht bis nahe der (gerundeten oder gegabelten) Schwanzflosse mit 12-18 Flossenstrahlen oder geht in diese über. Die Brustflossen besitzen einen Hart- und 5-20 Weichstrahlen. Die Bauchflossen mit 4-15 Flossenstrahlen sind klein oder können gelegentlich auch ganz fehlen. Anders als einige andere Welsfamilien besitzen die Siluridae keine Fettflosse. Bei den Männchen ist der hintere Rand des Hartstrahls der Brustflossen oft stark gezähnt, bei den Weibchen dagegen meist glatt oder schwach gezähnt (*Belodontichthys, Ceratoglanis, Hemisilurus, Kryptopterus, Ompok, Pterocryptis, Silurichthys, Silurus*). Die Flossen schließen sich an die Dornfortsätze der Wirbel an oder sind in der Muskulatur verankert.
Bei allen Siluriformes (wie auch bei den Gymnotiformes) fehlt den Pterygiophoren an der Rücken- und Afterflosse die Verknöcherung der mittleren Radien, bei den Siluriden fehlt diese auch den distalen Radien. Anders als bei den restlichen Teleostei, wo sich das Urohyale als unpaare Verknöcherung der Sehne des Musculus Sternohyoideus bildet, homolog zum Parurohyale bei den Siluriformes.
Die in vier Längsstränge geteilte Rumpfmuskulatur ist – anders als bei den Karpfenfischen – nicht von Zwischenmuskelgräten (Gabelgräten) verstärkt. Das Herz besteht, wie bei allen Fischen, nur aus zwei Kammern. Das Blut zirkuliert daher im geschlossenen Gefäßsystem in einem einfachen Kreislauf mit Abzweigungen zu den einzelnen Organen und enthält etwa 35 % Hämoglobin.

Von der Mundhöhle führt ein muskulöser Schlund zum großen, dehnbaren, sackartigen Magen, in dem Drüsen konzentriert sind, die Salzsäure und Pepsin ausscheiden. An den Magen schließt der lange, etwa 3-mal gewundene Darm an. Pylorusanhänge fehlen allen Welsen. Die Länge des Verdauungstraktes übersteigt die Gesamtlänge des Fisches. Die große Leber erstreckt sich entlang der Schwimmblase. Die meist lange und große Schwimmblase, welche bei Siluridae nicht in einer Knochenkapsel eingeschlossen ist, besitzt eine Scheidewand und ist mit einem Schwimmblasengang mit dem Schlund verbunden. Welse gehören somit zur Gruppe der Physostomi. Die Schwimmblase dient (wie auch bei den Karpfenfischen) ähnlich wie das Trommelfell im menschlichen Ohr der Schallresonanz (siehe Abb.). Die Schwingungen werden über das Webersche Organ in das Innenohr übertragen. Die verzweigten Nieren liegen am Ende der Körperhöhle. Sie reichen nach vor bis zur Schwimmblase und vereinigen sich am Ende zu einem in die Harnblase mündenden kurzen Harnleiter, der in der hinter dem After liegenden Geschlechtspapille endet. Die eher kleinen Gonaden befinden sich horizontal im hinteren Teil der Körperhöhle. Die paarigen Ei- bzw. Samenleiter vereinigen sich am Ende und münden ebenfalls in die Geschlechtspapille. Die Hoden machen meist nur unter 1 % und die Ovarien bis über 15 % des Körpergewichts aus.
Die Anzahl der Chromosomen beträgt innerhalb der Familie *Siluridae* 2n = 40-90, und innerhalb der Gattung *Silurus* 2n = 58-60.

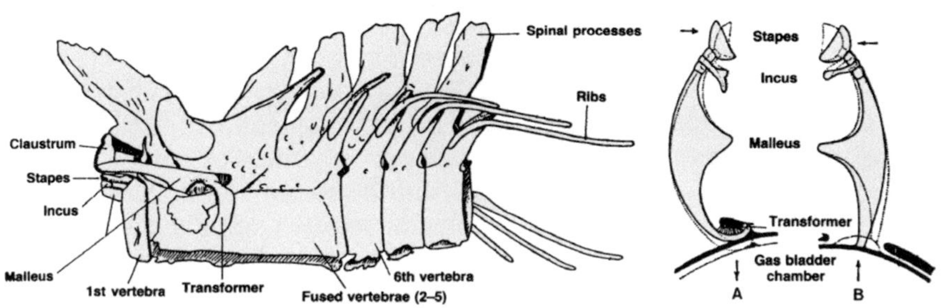

Webersche Organ und Funktionsweise. (Nach: Chranilow in Burgess, 1989)

Welse sind, angepasst an ihren Lebensraum, relativ unscheinbar und einheitlich gefärbt. Der Rücken ist meist graubraun gefärbt, die Seiten sind heller und oft gefleckt oder marmoriert und der Bauch ist meist gelb bis weiß gefärbt. Gelegentlich kommen auch Albinos vor, die gelb bis weiß gefärbt sind und rote Augen haben.

Lebensweise

Die Familie der Siluridae ist nur in Eurasien (südlich des 60. Breitengrades) verbreitet. Sie besiedelt sommerwarme, fließende und stehende Gewässer bis in eine Höhe von etwa 1.900 Meter über dem Meeresspiegel (vorwiegend in Asien). Nur wenige Arten (wie *Silurus glanis*) können gelegentlich auch im Brackwasser (bis ca. 15 ‰) vorkommen und sich dort vermehren, die restlichen Arten kommen (anders als die Familien Ariidae und Plotosidae) nur im Süßwasser vor.

Welse sind eher schlechte Schwimmer und überwiegend nachtaktiv. Die Aktivität und Wanderung (gewöhnlich nur bis zu 1,5 km) wird meist von Luftdruck, Wassertemperatur, Wasserstand, Strömung und Trübung etc. stark beeinflusst.

Die Geschlechtsreife wird je nach Art und Lebensweise, meist in einem Alter von 2-5 Jahren erreicht, wobei die Männchen oft ein Jahr vor den Weibchen reif werden. Die Laichzeit liegt vorwiegend im Sommer und erstreckt sich, je nach Art und Verbreitungsgebiet, meist von April bis August bei Wassertemperaturen von über 15-20 °C.

Welse laichen meist nahe dem Ufer, wobei besonders flache, wärmere Plätze mit dichtem Pflanzenbewuchs oder Wurzelwerk bevorzugt werden. Die eher kleinen (1-3 mm Ø), hellgelben Eier kleben meist am Untergrund fest. Die Erbrütungsdauer ist kurz und beträgt, je nach Wassertemperatur, oft nur wenige Tage. Die Larven und Brütlinge werden manchmal von Insekten, Fröschen und anderen Fischen gefressen; größere Fische auch von Vögeln oder Säugetieren.

Die Nahrung besteht anfangs und bei den kleineren Arten hauptsächlich aus Zooplankton, Insekten und Würmern, später und bei den größeren Arten auch aus anderen Krebs- und Weichtieren, sowie vor allem aus Fischen (siehe Abb.). Die größeren Arten fressen gelegentlich auch Amphibien, Reptilien, Wasservögel und Kleinsäuger.

Das Wachstum ist je nach Lebensraum, Wassertemperatur und Nahrungsangebot sehr unterschiedlich (siehe auch Abb.). Die Männchen (Milchner) wachsen oft etwas schneller als die Weibchen (Rogner), wobei die Weibchen meist etwas älter werden und höhere Endgewichte erlangen. Der Konditionsfaktor beträgt je nach Alter, Reifegrad und Geschlecht der Welse zwischen 0,5 und 1,5.

Einige Arten (vor allem der Gattung *Silurus* und *Wallago*) sind relativ großwüchsig und können mehrere Meter lang, über hundert Kilogramm schwer und bis zu 80 Jahre alt werden. Andere wiederum (wie *Kryptopterus* und *Silurichthys*) sind sehr kleinwüchsig und werden meist nur wenige Zentimeter lang.

Gelbrandkäferlarve beim Fressen eines juvenilen Europäischen Welses. (Foto: A. Hartl)

Europäische Welse beim Fressen von Eintagsfliegen. (Foto: A. Hartl)

Absolute Fekundität des Europäischen Welses (*S. glanis*)
in Abhängigkeit vom Alter:
(Nach: Alp et al., 2004)

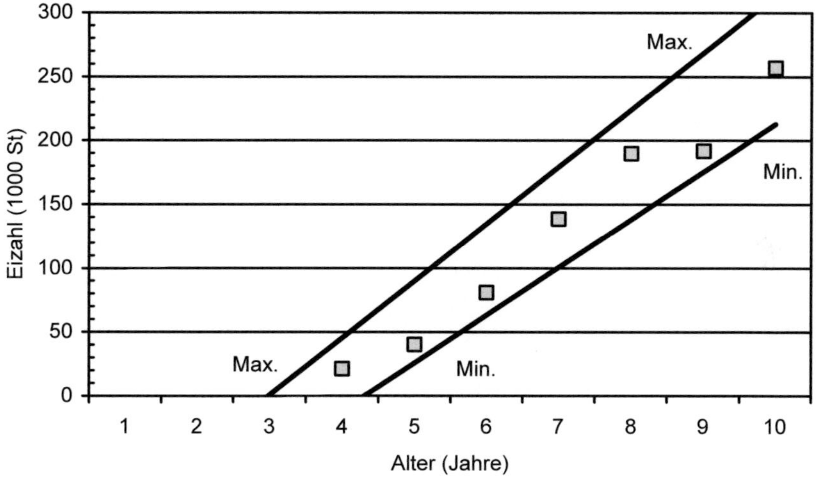

Beutefischlänge des Europäischen Welses (*S. glanis*)
im Verhältnis zur Raubfischlänge:
(Nach: Alp, 2017)

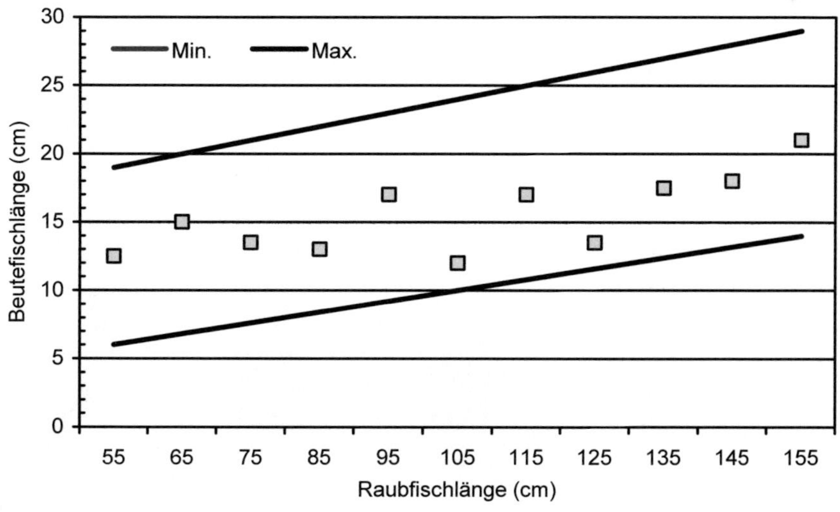

Mageninhalt des Europäischen Welses (*S. glanis*) im Po
in Abhängigkeit von der Körpergröße:
(Nach: Rossi et al. in Piccinini et Pattini, 1996)

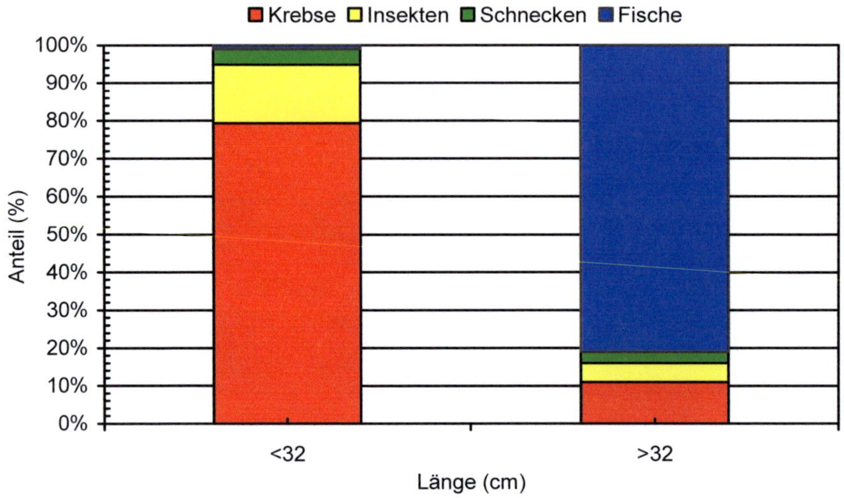

Mageninhalt des Europäischen Welses (*S. glanis*) im Kizilirmak
in Abhängigkeit von der Jahreszeit:
(Nach: Dogan Bora et Gül, 2004)

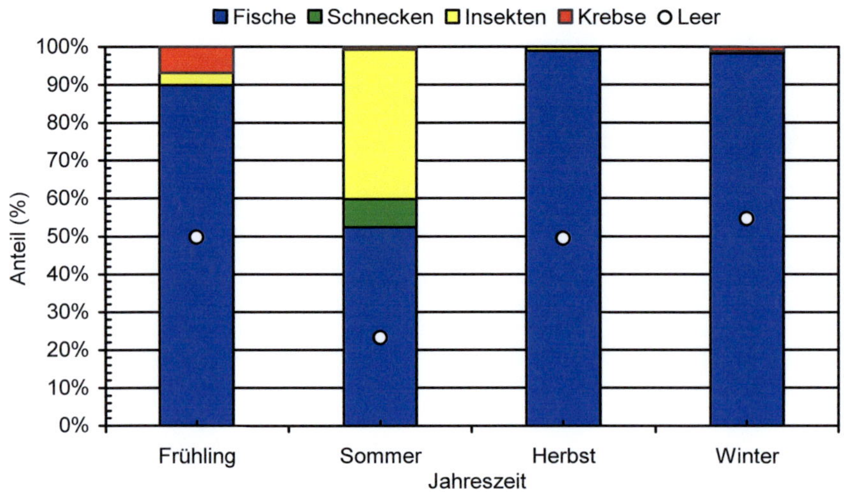

Längenwachstum des Europäischen Welses (*S. glanis*)
in natürlichen Gewässern:
(Nach: Mihálik, 1982; Piccinini et Pattini, 1996)

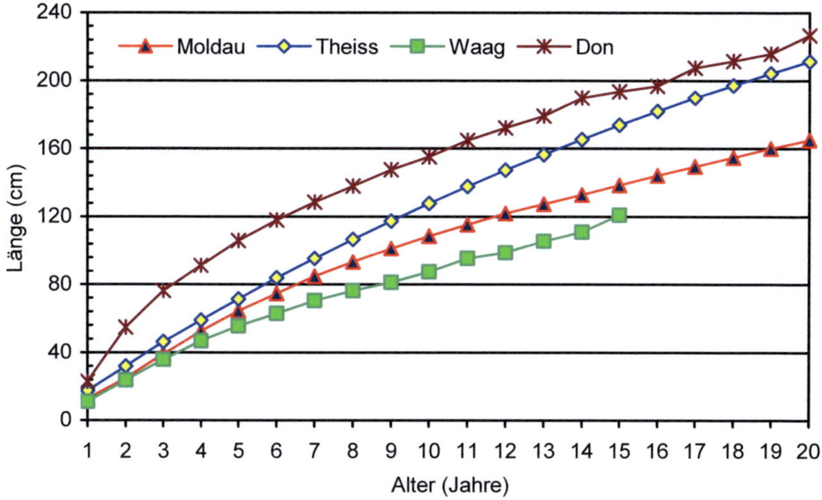

Gewichtswachstum des Europäischen Welses (*S. glanis*)
in natürlichen Gewässern:
(Nach: Alp et al., 2004; Dogan Bora et Gül, 2004; Sedlár, 1987)

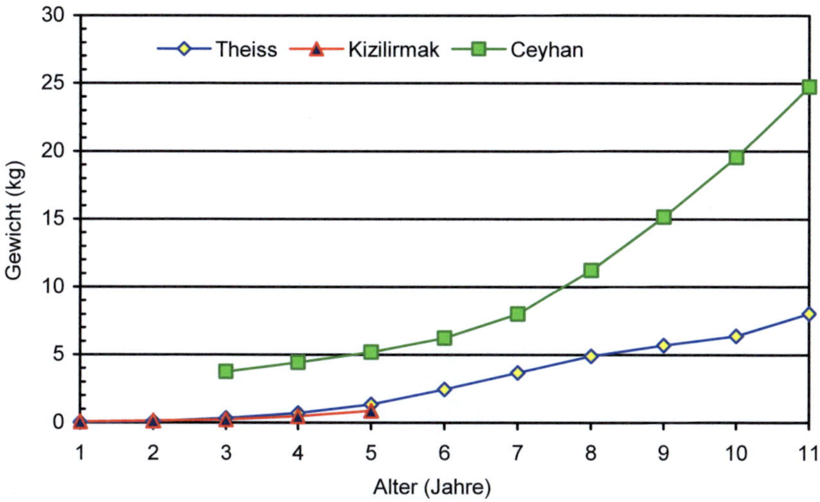

Längenwachstum des Mesopotamischen Welses (*S. triostegus*)
im Atatürk Stausee in der Türkei:
(Nach: Oymak et al., 2001)

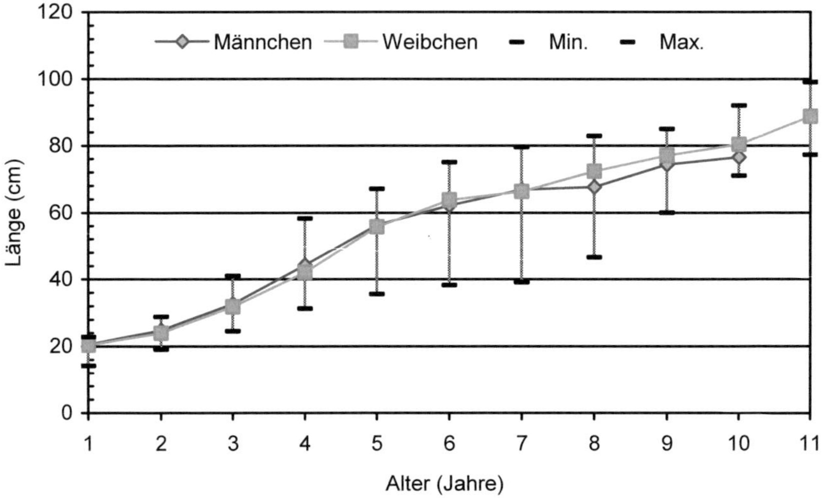

Gewichtswachstum des Mesopotamischen Welses (*S. triostegus*)
im Atatürk Stausee in der Türkei:
(Nach: Oymak et al., 2001)

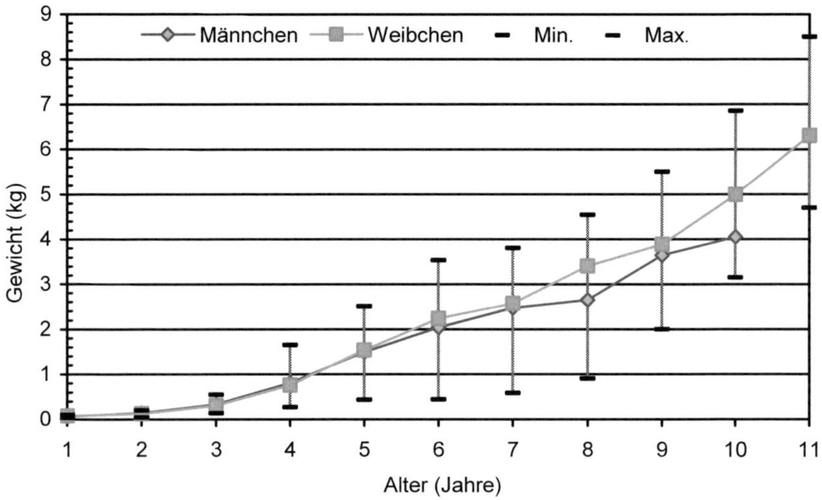

Hybriden

Hybriden sind Nachkommen von Eltern zweier verschiedener Arten. Sie kommen auch natürlich vor und spielen sogar für die genetische Vielfalt eine Rolle. Künstlich kann man sie erzeugen, indem man die Geschlechtszellen verschiedenartiger Lebewesen kombiniert. Je näher die Elternarten miteinander verwandt sind, desto eher gelingt die Hybridisierung. Unterscheiden sich die Eltern beispielsweise nur in den Merkmalsausprägungen eines oder mehrerer Gene, entsteht ein lebensfähiger und meist fruchtbarer Hybride. Hybriden von Tieren sehr unterschiedlicher Arten sind dagegen in der Regel unfruchtbar. Die Hybridbildung spielte auch in der stammesgeschichtlichen Entwicklung bei der Entstehung neuer Arten eine Rolle. Normalerweise sorgen Isolations-mechanismen wie verschiedene Laichzeiten oder unterschiedliche Laichverhalten dafür, dass Kreuzungen zwischen verschiedenen Arten nicht vorkommen. Kommt es dennoch zu einer Kreuzung verschiedener Arten, so besteht die Möglichkeit, dass durch spontane Verdopplung des Chromosomensatzes (durch chemische oder physikalische Prozesse) ein fruchtbarer Hybride entsteht, der sich im Lauf der Evolution als neue Art durchsetzen kann.

Anders als bei anderen Fischen (z.B.: Cypriniden) treten bei Welsen natürliche Hybriden allerdings eher selten auf.

In Nordamerika treten gelegentlich natürliche Hybriden zwischen dem Kanal-Katzenwels (*Ictalurus punctatus*) und dem Flachkopf-Katzenwels (*Pylodictis olivaris*) auf. Künstlich wird seit den 1960er Jahren unter anderem der Kanal-Katzenwels (*Ictalurus punctatus*) mit dem Blauen Katzenwels (*Ictalurus furcatus*) gekreuzt, wobei die Hybriden (F_1) eine höhere Überlebensrate, ein 15-20 % schnelleres Wachstum, sowie eine 3-6 % höhere Filetausbeute als die Elternarten haben.

In Südamerika werden seit den 2000er Jahren gelegentlich Arten innerhalb der Gattung *Pseudoplatystoma* künstlich gekreuzt, z.B.: *Pseudoplatystoma reticulatum* x *Pseudoplatystoma corruscans,* wobei die fertilen Hybriden (F_1) besser Trockenfutter annehmen und daher ein schnelleres Wachstum als die Elternarten haben.

In Asien werden gelegentlich Arten der Gattungen *Clarias* und *Heteropneustes* gekreuzt, wobei Vorteile gegenüber den Ausgangsarten selten sind. Gelegentlich, wie in Thailand, werden auch Arten der Gattung *Clarias* untereinander gekreuzt, z.B.: *Clarias gariepinus* x *Clarias macrocephalus*.

In Afrika werden gelegentlich Arten der Gattungen *Heterobranchus* und *Clarias* künstlich gekreuzt. Die Nachkommen werden oft Heteroclarias

genannt und wachsen meist besser als die Ausgangsarten und auch besser als die umgekehrte Kreuzung, die oft Clariabranchus genannt wird. Natürliche Hybriden dieser beiden Gattungen wurden auch schon als eigene Art beschrieben: *Clarias lamottei* Daget & Planquette, 1967.
Auch in Europa wird in den Niederlanden manchmal unter künstlichen Bedingungen der Afrikanische Kiemensackwels (*Heterobranchus longifilis*) mit dem Afrikanischen Labyrinthwels (*Clarias gariepinus*) gekreuzt. Diese sterilen Hybriden weisen eine höhere Produktivität und Produktqualität (helleres Fleisch und höheren Fettgehalt) als der Labyrinthwels auf, sind aber auch etwas schwieriger aufzuziehen (stressanfälliger).
Innerhalb der Familie Siluridae sind Hybriden jedoch kaum bekannt, könnten aber zumindest in Asien gelegentlich natürlich auftreten. Anfang der 2000er Jahre wurden in Griechenland unter künstlichen Bedingungen erstmals Hybriden zwischen dem Europäischen Wels (*Silurus glanis*) und dem Aristoteleswels (*Silurus aristotelis*) erzeugt, wobei die Schlupfrate 66-89 % betrug. Das Wachstum und die Überlebensrate der Hybriden lagen zwischen dem der beiden Ausgangsarten, waren also nicht besser als bei *Silurus glanis*, aber besser als bei *Silurus aristotelis*.

Steriler Hybride (*Heterobranchus longifilis* x *Clarias gariepinus*). (Foto: B.J. Roosendaal)

Evolution

In der geologischen Zeitrechnung sind Fische bereits in der Ära des Paläozoikum bekannt. In der Periode des Kambriums (vor 570-510 Millionen Jahren) gab es noch keine Fische. Im Ordovizium (vor 510-435 Millionen Jahren) entwickelten sich die ersten primitiven Fische mit knöchernen Panzerplatten. Im Silur (vor 435-405 Millionen Jahren) traten die ersten Fische mit Kiefern (Gnathostomata) auf, die möglicherweise bereits das Süßwasser besiedelten. Im Devon (vor 405-355 Millionen Jahren) hatten die Fische bereits Flossen und Schuppen. Im Karbon (vor 355-290 Millionen Jahren) waren Knochen- und Knorpelfische bereits weit verbreitet. Im Perm (vor 290-250 Millionen Jahren) kam es dann zu einem massenhaften Aussterben, das schätzungsweise 75-90 % aller Tierarten erfasste.
In der Ära des Mesozoikum mit Trias (vor 250-205 Millionen Jahren), Jura (vor 205-140 Millionen Jahren) und Kreide (vor 140-65 Millionen Jahren), dominierten unter den Fischen bereits auch noch heute lebenden Arten der Unterklasse der Strahlenflosser. Darüber hinaus gab es Quastenflosser und Lungenfische.
Siluriformes entwickelten sich vermutlich im späten Jura vor etwa 170-150 Millionen Jahren. In der frühen Kreide vor etwa 110-100 Millionen Jahren, zur Zeit als der südliche Urkontinent Gondwana zerbrach und sich in die Kontinente aufteilte, die heute auf der Südhalbkugel liegen (Südamerika, Afrika, Australien, Antarktis), trennten sich auch die Welse Südamerikas von jenen Afrikas.
Die frühesten fossilen Siluriformes sind in der Ära des Känozoikum, aus der Periode des Tertiärs bekannt. Aus der Epoche des Paläozäns (vor 65-53 Millionen Jahren) sind Siluriformes (Callichthyidae) aus Südamerika bekannt. Aus der Epoche des Eozäns (vor 53-37 Millionen Jahren) wurden Siluriformes (Hypsidoridae, Ictaluridae, Clariidae) in Nordamerika und Asien gefunden. Aus der Epoche des Oligozäns (vor 37-23 Millionen Jahren) sind Siluriformes (Loricariidae) aus Südamerika bekannt. Aus der Epoche des Miozäns (vor 23-5 Millionen Jahren) sind Siluriformes (Siluridae) aus Asien und Europa (Japan, Türkei, Ukraine) bekannt, und Fossilien anderer Familien (Ariidae, Auchenipteridae, Nematogenyidae, Doradidae, Pimelodidae, sowie Mochokidae) aus Südamerika (Argentinien, Chile, Venezuela und Kolumbien), sowie aus Afrika (Tschad). Aus der Epoche des Pliozäns (vor 5,0-1,6 Millionen Jahren) sind Siluriformes (Trichomycteridae) aus Südamerika (Argentinien) bekannt. Im frühen Pliozän begannen sich dann vermutlich auch die Siluriden in die heute noch lebenden Gattungen aufzuspalten.

Systematik

Als Wirbeltiere (*Vertebrata*) gehören die Welse zur Klasse der Knochenfische (*Osteichthyes*) und der Unterklasse Strahlenflosser (*Actinopterygii*), mit der Subdivision Echte Knochenfische (*Teleostei*).
Die Überordnung *Ostariophysi* beinhaltet die Serie *Anotophysi* mit der Ordnung *Gonorynchiformes* (Sandfische) und die Serie *Otophysi* mit ca. 6.500 Arten.
Die Serie *Otophysi* beinhaltet die Ordnung der *Characiformes* (Beilbauchfische), *Cypriniformes* (Karpfenfische), *Gymnotiformes* (Messerfische), sowie die Ordnung der *Siluriformes* (Welsfische).
Die Ordnung der *Siluriformes* Rafinesque, 1815 ist eine sehr umfangreiche Fischordnung mit rund 3.000 Arten in etwa 450 Gattungen, deren Verwandtschaft untereinander wenig erforscht bzw. geklärt ist, und in folgende Unterordnungen und Familien eingeteilt wird:

I. *Hypsidoroidei* mit
   †*Hypsidoridae* Grande, 1987 (Fossile Welse).

II. *Cetopsoidei* mit
   Cetopsidae Bleeker, 1858 (Walwelse).

III. *Diplomystoidei* mit
   Diplomystidae Eigenmann, 1890 (Zweibartelwelse).

IV. *Bagroidei* mit
   Ariidae Bleeker, 1862 (Kreuzwelse),
   Austroglanididae Mo, 1991 (Felsenwelse),
   Bagridae Bleeker, 1858 (Stachelwelse),
   Claroteidae Bleeker, 1862 (Klarotwelse),
   Pangasiidae Bleeker, 1858 (Haiwelse),
   Pimelodidae Bonaparte, 1835 (Antennenwelse),
   Schilbeidae Bleeker, 1858 (Glaswelse).

V. *Cranoglanidoidei* mit
   Cranoglanididae Myers, 1931 (Panzerkopfwelse).

VI. *Doradoidei* mit
   Auchenipteridae Bleeker, 1862 (Trugdornwelse),
   Doradidae Bleeker, 1858 (Dornwelse),
   Mochokidae Jordan, 1923 (Fiederbartwelse).

VII. *Heptapteroidei* mit
Heptapteridae Gill, 1861 (Siebenflossenwelse).

VIII. *Ictaluroidei* mit
Ictaluridae Gill, 1861 (Katzenwelse).

IX. *Loricarioidei* mit
Amphiliidae Regan, 1911 (Kaulquappenwelse),
Astroblepidae Bleeker, 1862 (Himmelsguckerwelse),
Callichthyidae Bonaparte, 1838 (Panzerwelse),
Lacantuniidae Rodiles-Hernández et al., 2005 (Lacandónwelse),
Loricariidae Rafinesque, 1815 (Harnischwelse),
Nematogenyidae Bleeker, 1862 (Schmerlenwelse),
Scoloplacidae Bailey et Baskin, 1976 (Glattdornwelse),
Trichomycteridae Bleeker, 1858 (Parasitische Welse).

X. *Pseudopimelodoidei* mit
Pseudopimelodidae Lundberg et al., 1991 (Großmaulwelse).

XI. *Sisoroidei* mit
Akysidae Gill, 1861 (Flusswelse),
Amblycipitidae Day, 1873 (Torrentwelse),
Aspredinidae Adams, 1854 (Banjowelse),
Erethistidae Bleeker, 1862 (Erethistwelse),
Sisoridae Bleeker, 1858 (Gebirgswelse).

XII. *Siluroidei* mit
Auchenoglanididae Jayaram, 1966 (Nackenschildwelse),
Chacidae Bleeker, 1858 (Querkopfwelse),
Clariidae Bonaparte, 1846 (Labyrinthwelse),
Heteropneustidae Hora, 1936 (Kiemensackwelse),
Kryptoglanidae Britz et al., 2014 (Tunnelwelse),
Malapteruridae Bleeker, 1858 (Zitterwelse),
Plotosidae Bleeker, 1858 (Aalschwanzwelse),
Siluridae Rafinesque, 1815 (Eurasische Welse).

Die Familie der *Siluridae* Rafinesque, 1815 (Eurasische Welse) umfasst etwa 94 Arten in folgenden Gattungen:

1.) *Belodontichthys* Bleeker, 1857 (2 Arten).
2.) *Ceratoglanis* Myers, 1938 (2 Arten).
3.) *Hemisilurus* Bleeker, 1857 (3 Arten).
4.) *Hito* Herre, 1924 (1 Art).
5.) *Kryptopterus* Bleeker, 1857 (20 Arten).
6.) *Phalacronotus* Bleeker, 1857 (4 Arten).
7.) *Ompok* Lacépède, 1803 (22 Arten).
8.) *Pterocryptis* Peters, 1861 (14 Arten).
9.) *Silurichthys* Bleeker, 1856 (9 Arten).
10.) *Silurus* Linnaeus, 1758 (13 Arten).
11.) *Wallago* Bleeker, 1851 (4 Arten).

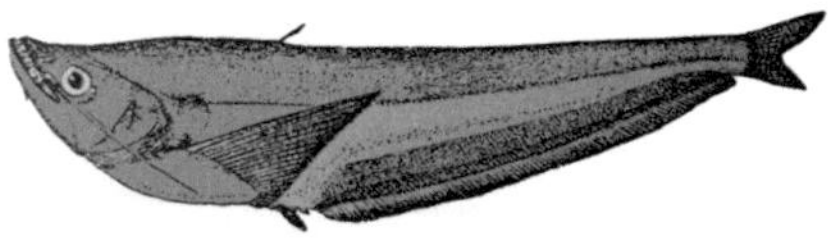

Belodontichthys sp.

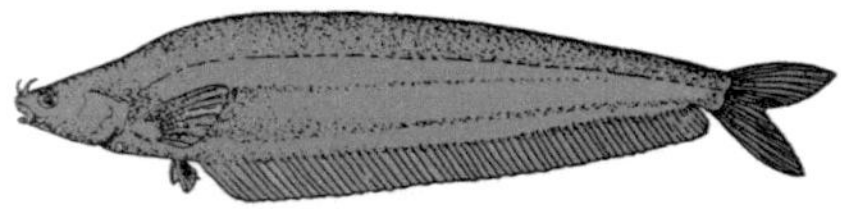

Ceratoglanis sp.

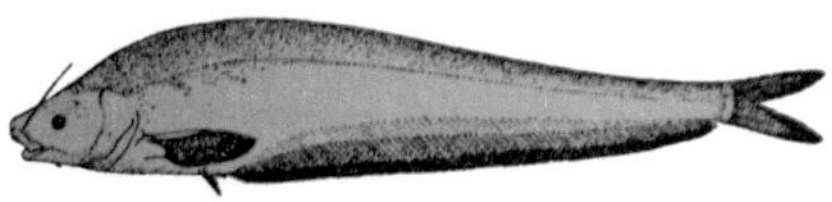

Hemisilurus sp.

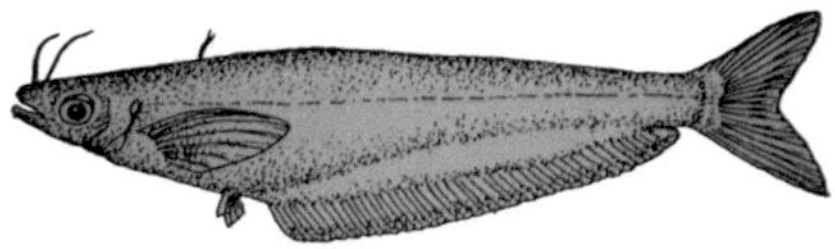

Kryptopterus sp.

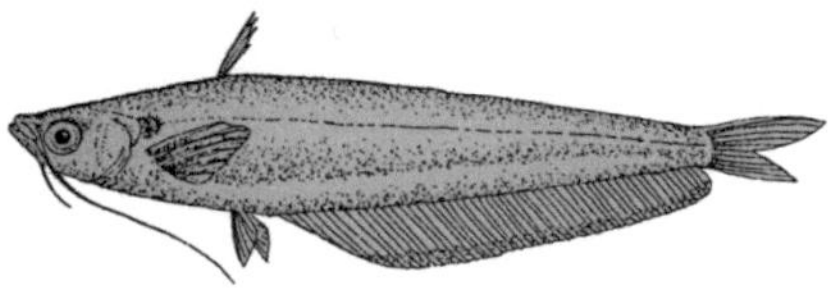

Ompok sp.

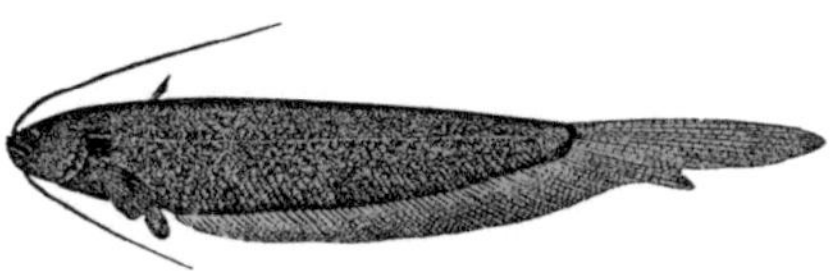

Silurichthys sp.

Silurus sp.

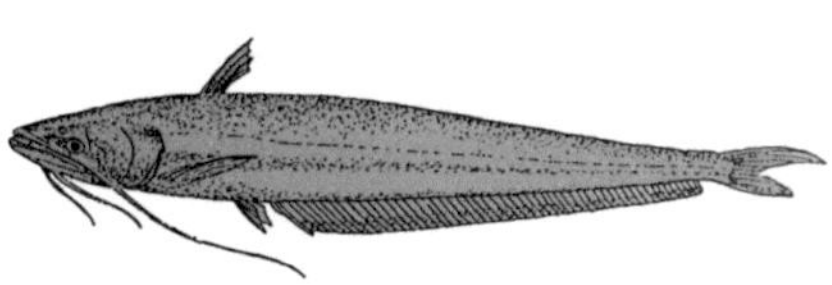

Wallago sp.

(Nach: Bleeker + Day + Weber et de Beaufort + Wheeler in Burgess, 1989)

Bestimmungsschlüssel*
für die Familie
Siluridae

A Maul wird zur Schnauzenspitze breiter,
Maul unterständig,
Schnauze und Maulspalte kurz,
Rückenflosse fehlt: .... B

Maul wird zur Schnauzenspitze schmäler,
Maul oberständig oder endständig,
Hintere Nasenöffnungen vor den Augen,
Oberkieferbarteln lang und flexibel: C

B Hintere Nasenöffnungen hinter den Augen,
Oberkieferbarteln lang und flexibel,
Bauchflossen mit 8 oder weniger Flossenstrahlen: .... ***Hemisilurus***

Hintere Nasenöffnungen vor den Augen,
Oberkieferbarteln kurz und hakenförmig,
Bauchflossen mit 8 oder mehr Flossenstrahlen: .... ***Ceratoglanis***

C Kopf vom Körper in einem Winkel von ca. 60° nach oben gerichtet,
Schnauzenspitze über die Höhe des Rückens reichend,
Körperquerschnitt in Höhe der Brustflossen dreieckig
(mit flacher Unterseite),
Basis der Brustflossen lang (unter 13-mal in Standardlänge),
Brustflossen lang (unter 4-mal in Standardlänge): . ***Belodontichthys***

Kopf vom Körper nicht in einem Winkel nach oben gerichtet,
Schnauzenspitze nicht über die Höhe des Rückens reichend,
Körperquerschnitt in Höhe der Brustflossen nicht dreieckig
(mit flacher Oberseite),
Basis der Brustflossen kurz (über 13-mal in Standardlänge),
Brustflossen kurz (über 5-mal in Standardlänge): .... D

D Flossenstrahlen der Afterflosse lang und
die mittleren meist mehr als zur Hälfte mit Muskeln bedeckt,
meist weniger als 10 auf Warzen reduzierte Kiemenreusendornen,
Submandibularfurche geht nicht um die Mundwinkel,
Supralabialfalte fehlt,
Auge ohne freien Orbitalrand und mit Haut bedeckt,
14 oder weniger Branchiostegalstrahlen,
60 oder weniger Wirbelknochen: .... E

Flossenstrahlen der Afterflosse kurz und
die mittleren meist weniger als zur Hälfte mit Muskeln bedeckt,
meist mehr als 10 nicht auf Warzen reduzierte Kiemenreusendornen,
Submandibularfurche geht um die Mundwinkel,
Supralabialfalte vorhanden,
Schwanzflosse mit 12 oder mehr geteilte Flossenstrahlen: .... F

E Kopf kurz (über 6-mal in der Standardlänge),
Erster Strahl der Rückenflosse in Höhe des 7.-8. Wirbelfortsatzes,
Afterflosse geht komplett in die Schwanzflosse über,
Schwanzflosse mit 11 oder weniger geteilte Flossenstrahlen,
oberer Lappen der Schwanzflosse länger als unterer: .. ***Silurichthys***

Kopf lang (unter 6-mal in der Standardlänge),
Erster Strahl der Rückenflosse in Höhe des 9.-10. Wirbelfortsatzes,
Afterflosse geht nicht komplett in die Schwanzflosse über,
Schwanzflosse mit 12 oder mehr geteilte Flossenstrahlen,
oberer und unterer Lappen der Schwanzflosse etwa gleich lang,
Oberkiefer meist über Unterkiefer ragend: .... ***Pterocryptis***

F Schwanzflosse gerundet mit abgerundeten Flossenspitzen,
Oberkieferbarteln dick und meist nicht abgeflacht,
Rückenflosse mit 3 oder mehr Flossenstrahlen,
Brustflossen kurz und nicht bis zum Anfang der Afterflosse reichend,
Augen in Höhe über der Maulspalte und
nicht sichtbar von der Unterseite des Kopfes,
Kopf lang (unter 5-mal in der Standardlänge),
Auge mit freiem Orbitalrand und nicht mit Haut bedeckt,
Unterkiefer über Oberkiefer ragend: .... ***Silurus***

Schwanzflosse gegabelt mit zugespitzten Flossenspitzen,
Oberkieferbarteln dünn und meist abgeflacht: .... G

G Rückenflosse mit 4 oder mehr Flossenstrahlen,
Brustflossen kurz und nicht bis zum Anfang der Afterflosse reichend,
Maulspalte reicht bis zum Vorderrand der Augen oder darüber,
Auge mit freiem Orbitalrand und nicht mit Haut bedeckt,
Augen in Höhe über der Maulspalte und
nicht sichtbar von der Unterseite des Kopfes,
Unterkiefer über Oberkiefer ragend,
14 oder mehr Branchiostegalstrahlen: .... ***Wallago***

Rückenflosse fehlt oder mit 4 oder weniger Flossenstrahlen,
Augen in Höhe der Maulspalte oder darunter und
meist sichtbar von der Unterseite des Kopfes: .... H

H Rückenflosse mit 2 oder mehr Flossenstrahlen,
Kiemenreusendornen kürzer als die Kiemenfilamente,
14 oder weniger Branchiostegalstrahlen: I

Rückenflosse mit 2 oder weniger Flossenstrahlen,
Kiemenreusendornen meist so lange wie die Kiemenfilamente,
Maulspalte nicht bis zum Vorderrand der Augen reichend: .... J

I Brustflossen lang und bis über den Anfang der Afterflosse reichend,
Maulspalte kurz und leicht nach oben gerichtet,
Maulspalte reicht meist bis zum Vorderrand der Augen,
Kiefer gleich lang oder Unterkiefer länger,
Zungenbein nicht bezahnt: .... ***Ompok***

Brustflossen kurz und nicht bis zum Anfang der Afterflosse reichend,
Maulspalte lang und horizontal,
Maulspalte reicht nicht bis zum Vorderrand der Augen,
Kiefer gleich lang oder Unterkiefer kürzer,
Zungenbein meist bezahnt: .... ***Hito***

J Schnauze weniger als doppelt so lange wie der Augendurchmesser, Oberkieferbarteln und Brustflossen länger als der Kopf, Kopf meist unter 20 % der Standardlänge, 14 oder weniger Branchiostegalstrahlen, meist 61 oder weniger Wirbelknochen, Bauchflossen meist mit 9 oder weniger Flossenstrahlen, Rückenflosse fehlt oder vorhanden: .... ***Kryptopterus***

Schnauze mehr als doppelt so lange wie der Augendurchmesser, Oberkieferbarteln und Brustflossen kürzer als der Kopf, Kopf meist über 20 % der Standardlänge, 14 oder mehr Branchiostegalstrahlen, meist 61 oder mehr Wirbelknochen, Bauchflossen meist mit 9 oder mehr Flossenstrahlen, Rückenflosse fehlt: .... ***Phalacronotus***

* Erstellt und überarbeitet unter anderem nach: Berg, 1949; Burgess, 1989; Dornbusch, 1995; Haig, 1950; Kobayakawa, 1989; Kottelat et Ng, 1999; Ng et Freyhof, 2001; Ng et Kottelat, 1997-1998; Ng et Ng, 1998; Ng et Siebert, 2002; Ng et Tan, 2003; Ng, Wirjoatmodjo et Hadiaty, 2004; Ng, 1999-2004; Sudasinghe et Meegaskumbura, 2016;

Bestimmungsschlüssel
für die Gattung
Belodontichthys

1 Brustflossen über 25,85 % der Standardlänge,
Schnauze über 39 % der Standardlänge,
Kopf über 24 % der Standardlänge: .... ***Belodontichthys dinema***

Brustflossen unter 25,85 % der Standardlänge,
Schnauze unter 40 % der Standardlänge,
Kopf unter 24 % der Standardlänge: .... ***Belodontichthys truncatus***

Bestimmungsschlüssel
für die Gattung
Ceratoglanis

1 Schnauze steiler nach oben gerichtet,
vertikaler Schnauzenwinkel unter 33 Grad,
Augendurchmesser unter 14 % der Kopflänge,
Augenabstand etwas größer: .... ***Ceratoglanis scleronema***

Schnauze flacher nach oben gerichtet,
vertikaler Schnauzenwinkel über 33 Grad,
Augendurchmesser über 13 % der Kopflänge,
Augenabstand etwas kleiner: .... ***Ceratoglanis pachynema***

Bestimmungsschlüssel
für die Gattung
Hemisilurus

1 Augendurchmesser über 13 % der Kopflänge,
Afterflosse mit 90 oder mehr Flossenstrahlen,
Hartstrahl der Brustflosse nicht vergrößert,
Oberkieferbarteln kurz und unter 28 % der Kopflänge
(bei den Weibchen): .... ***Hemisilurus heterorhynchos***

Augendurchmesser unter 14 % der Kopflänge,
Hartstrahl der Brustflosse vergrößert (bei den Männchen),
Oberkieferbarteln lang und über 24 % der Kopflänge
(bei den Weibchen): 2

2 Bezahnung am Pflugscharbein durchgehend,
Afterflosse mit 92 oder weniger
Flossenstrahlen: .... ***Hemisilurus mekongensis***

Bezahnung am Pflugscharbein zweigeteilt,
Afterflosse mit 91 oder mehr
Flossenstrahlen: .... ***Hemisilurus moolenburghi***

Bestimmungsschlüssel
für die Gattung
Kryptopterus

1 Rückenflosse fehlt,
Wölbung am Rücken vorhanden: 2

Rückenflosse vorhanden,
Ventrale Leisten (am Beginn der Wirbelsäule) vorhanden: 6

2 Ventrale Leisten (am Beginn der Wirbelsäule) vorhanden,
Bezahnung am Pflugscharbein zweigeteilt,
Obere Hypuralia zusammengewachsen (verbunden): 3

Ventrale Leisten (am Beginn der Wirbelsäule) fehlen,
Bezahnung am Pflugscharbein durchgehend: 4

3 Augenabstand über 43,5 % der Kopflänge,
10 oder mehr Branchiostegalstrahlen,
über 29 Kiemenreusendornen: .... ***Kryptopterus schilbeides***

Augenabstand unter 43,5 % der Kopflänge,
9 oder weniger Branchiostegalstrahlen,
unter 29 Kiemenreusendornen: .... ***Kryptopterus paraschilbeides***

4 Afterflosse mit weniger als 72 Flossenstrahlen,
Wölbung am Rücken undeutlich: .... ***Kryptopterus cheveyi***

Afterflosse mit mehr als 72 Flossenstrahlen: 5

5 Augendurchmesser unter 13 % der Kopflänge,
Oberkieferbarteln meist unter 120 %
der Kopflänge: .... ***Kryptopterus hexapterus***

Augendurchmesser über 13 % der Kopflänge,
Oberkieferbarteln meist über 120 %
der Kopflänge: .... ***Kryptopterus platypogon***

6 Obere Hypuralia zusammengewachsen (verbunden): 7

Obere Hypuralia nicht zusammengewachsen (separiert),
Afterflosse mit 70 oder mehr Flossenstrahlen,
weniger als 23 Kiemenreusendornen: 15

7 Oberkieferbarteln reichen nicht bis über die Spitze der Brustflossen
und betragen unter 160 % der Kopflänge,
Kinnbarteln kürzer als der Augendurchmesser,
Wölbung am Rücken (vor der Rückenflosse) fehlt,
Schnauzenlänge über 30 % der Kopflänge: 8

Oberkieferbarteln reichen bis über die Spitze der Brustflossen
und betragen über 160 % der Kopflänge,
Kinnbarteln länger als der Augendurchmesser,
Wölbung am Rücken (vor der Rückenflosse) vorhanden,
Afterflosse mit 70 oder weniger Flossenstrahlen: 9

8 Kopfbreite über 12,1 % der Standardlänge,
Schnauze meist unter 39,5 % und Afterflosse meist unter 62,5 %
der Standardlänge: .... ***Kryptopterus cryptopterus***

Kopfbreite unter 12,1 % der Standardlänge,
Schnauze meist über 39,5 % und Afterflosse meist über 62,5 %
der Standardlänge: .... ***Kryptopterus geminus***

9 Afterflossen mit weniger als 55 Flossenstrahlen,
weniger als 23 Kiemenreusendornen: 10

Afterflosse mit mehr als 55 Flossenstrahlen: 13

10 Augendurchmesser über 28 % der Kopflänge,
Kopfbreite meist unter 11,2 % der Standardlänge: 11

Augendurchmesser unter 28 % der Kopflänge,
Kopfbreite meist über 11,2 % der Standardlänge: 12

11 Rückenflosse mit 1 oder weniger Flossenstrahlen,
weniger als 14 Kiemenreusendornen: .... ***Kryptopterus minor***

Rückenflosse mit 2 oder mehr Flossenstrahlen,
mehr als 14 Kiemenreusendornen: .... ***Kryptopterus vitreolus***

12 Körperhöhe (beim After) meist über 22,4 % der Standardlänge,
mehr als 14 Kiemenreusendornen: .... ***Kryptopterus piperatus***

Körperhöhe (beim After) meist unter 22,4 % der Standardlänge,
weniger als 14 Kiemenreusendornen:***Kryptopterus macrocephalus***

13 Mehr als 23 Kiemenreusendornen,
Körper ohne dunklem Längsstreifen: .... ***Kryptopterus bicirrhis***

Weniger als 23 Kiemenreusendornen: 14

14 18 oder weniger Kiemenreusendornen,
Körper ohne dunklem Längsstreifen: .... ***Kryptopterus lais***

19 oder mehr Kiemenreusendornen,
Körper mit dunklem Längsstreifen: . ***Kryptopterus palembangensis***

15 Kinnbarteln reichen nicht bis über die Spitze der Brustflossen,
Schnauzenlänge unter 30 % der Kopflänge,
Wölbung am Rücken (vor der Rückenflosse) fehlt,
Bezahnung am Pflugscharbein
durchgehend: .... ***Kryptopterus mononema***

Kinnbarteln reichen bis über die Spitze der Brustflossen,
Schnauzenlänge über 30 % der Kopflänge,
Wölbung am Rücken (vor der Rückenflosse) vorhanden: 16

16 Bezahnung am Pflugscharbein durchgehend,
Afterflosse mit unter 80 Flossenstrahlen: 17

Bezahnung am Pflugscharbein zweigeteilt,
Kopfbreite unter 11 % der Standardlänge: 18

17 Kopfbreite über 11 % der Standardlänge,
Kopflänge unter 16 % der Standardlänge: . ***Kryptopterus hesperius***

Kopfbreite unter 11 % der Standardlänge,
Kopflänge über 16 % der Standardlänge: .... ***Kryptopterus limpok***

18 Afterflosse mit über 80 Flossenstrahlen: .... ***Kryptopterus lumholtzi***

Afterflosse mit unter 80 Flossenstrahlen: 19

19 Brustflossen unter 17 % der Standardlänge,
Kopfhöhe über 8,8 % der Standardlänge: ***Kryptopterus baramensis***

Brustflossen über 17 % der Standardlänge,
Kopfhöhe unter 8,7 % der Standardlänge: .... ***Kryptopterus dissitus***

Bestimmungsschlüssel für die Gattung *Ompok*

1 Kinnbarteln von gut entwickelten Knorpelplatten unterstützt,
die hinten zwei Fortsätze haben: 2

Kinnbarteln von schwach entwickelten Knorpelplatten unterstützt,
die hinten einen oder keine Fortsätze haben,
Afterflosse mit weniger als 73 Flossenstrahlen: 5

2 Oberkieferbarteln unter 200 % der Kopflänge und
reichen bis über den Beginn der Afterflosse,
Körperhöhe (beim After) unter 18 % der Standardlänge,
Schnauze unter 39 % der Kopflänge,
Afterflosse mit mehr als 73 Flossenstrahlen,
55 oder mehr Wirbelknochen: .... ***Ompok platyrhynchus***

Oberkieferbarteln über 200 % der Kopflänge und
reichen nicht bis über den Beginn der Afterflosse,
Körperhöhe (beim After) über 18 % der Standardlänge,
Schnauze über 39 % der Kopflänge: 3

3 Kopfbreite und Kopfhöhe unter 11 % der Standardlänge,
Afterflosse mit mehr als 73 Flossenstrahlen,
55 oder weniger Wirbelknochen: .... ***Ompok hypophthalmus***

Kopfbreite und Kopfhöhe über 11 % der Standardlänge: 4

4 Höhe des Schwanzstiels unter 5 % der Standardlänge,
Afterflosse mit mehr als 73 Flossenstrahlen,
55 oder mehr Wirbelknochen: .... ***Ompok rhadinurus***

Höhe des Schwanzstiels über 5 % der Standardlänge,
Afterflosse mit weniger als 73 Flossenstrahlen,
55 oder weniger Wirbelknochen: .... ***Ompok urbaini***

5 Rictallappen (hinter Maulwinkel)
nicht durch oberflächliche Furche separiert,
Schädeldach-Fortsatz (Supraoccipital) länger als die Basis hoch ist,
Maulspalte horizontal: 6

Rictallappen (hinter Maulwinkel)
durch oberflächliche Furche separiert,
Schädeldach-Fortsatz (Supraoccipital) höher als die Basis lang ist,
Maulspalte schräg: 10

6 Barteln am Oberkiefer und am Kinn reichen
bis über die Basis der Schwanzflosse: 7

Barteln am Oberkiefer und am Kinn reichen
nicht bis über die Basis der Schwanzflosse: 9

7 Afterflosse mit 63 oder mehr Flossenstrahlen.
52 oder mehr Wirbelknochen: .... ***Ompok pluriradiatus***

Afterflosse mit 62 oder weniger Flossenstrahlen.
51 oder weniger Wirbelknochen: 8

8 Länge der Rückenflosse über 20 % der Standardlänge,
Schwanzstiel über 5 % der Standardlänge: .... ***Ompok pinnatus***

Länge der Rückenflosse unter 20 % der Standardlänge,
Schwanzstiel unter 5 % der Standardlänge: .... ***Ompok eugeneiatus***

9 Kopfbreite über 12,1 % der Standardlänge,
Augendurchmesser meist unter 21 % der Kopflänge,
Schwanzstiel mit dunklen Fleck versehen,
Körper heller (gelbbraun) gefärbt: .... ***Ompok binotatus***

Kopfbreite unter 12,1 % der Standardlänge,
Augendurchmesser meist über 21 % der Kopflänge,
Schwanzstiel ohne dunklen Fleck versehen,
Körper dunkler (graubraun) gefärbt: .... ***Ompok sabanus***

10 Flossenstrahlen der Afterflosse vorne mit Muskeln besetzt,
Rabenschnabelbein (Coracoid) trägt am hinteren Teil
keinen Fortsatz,
dunkle Flecken am Schwanzstiel und
oberhalb der Brustflossen fehlen: 11

Flossenstrahlen der Afterflosse vorne nicht mit Muskeln besetzt,
Rabenschnabelbein (Coracoid) trägt am hinteren Teil
einen Fortsatz,
dunkle Flecken am Schwanzstiel und/oder
oberhalb der Brustflossen vorhanden: 14

11 Augenabstand unter 49 % der Kopflänge: .... ***Ompok supernus***

Augenabstand über 49 % der Kopflänge: 12

12 Kopfoberseite gerade,
Kopf breit (über 17 % der Standardlänge),
Körper hoch (über 21 % der Standardlänge),
Kinnbarteln lang (über 83 % der Kopflänge): .... ***Ompok fumidus***

Kopfoberseite konvex,
Kopf schmal (unter 18 % der Standardlänge),
Körper niedrig (unter 23 % der Standardlänge),
Kinnbarteln kurz (unter 92 % der Kopflänge): 13

13 Körper nicht gefleckt: .... ***Ompok leiacanthus***

Körper stark gefleckt: .... ***Ompok jaynei***

14 Afterflosse mit 49 oder weniger Flossenstrahlen,
8 oder weniger Branchiostegalstrahlen,
unter 45 Wirbelknochen: .... ***Ompok weberi***

Afterflosse mit 50 oder mehr Flossenstrahlen,
9 oder mehr Branchiostegalstrahlen,
über 45 Wirbelknochen: 15

15 Oberkieferbarteln kurz, reichen nicht bis über das Kopfende,
Bauchflossen mit 9 oder mehr Flossenstrahlen: .... ***Ompok pabo***

Oberkieferbarteln lang, reichen bis über das Kopfende,
Bauchflossen mit 8 oder weniger Flossenstrahlen: 16

16 Körper einheitlich dunkel gefärbt,
Afterflosse mit 56 oder mehr Flossenstrahlen: . ***Ompok malabaricus***

Körper hell gefärbt, dunkel gefleckt oder gestreift: 17

17 Afterflosse mit 56 oder weniger Flossenstrahlen,
Oberkieferbarteln reichen nicht bis zum Anfang der Afterflosse,
Körper mit deutlichen dunkelbraunen Streifen: .... ***Ompok pabda***

Afterflosse mit 56 oder mehr Flossenstrahlen,
Oberkieferbarteln reichen über den Anfang der Afterflosse,
Körper ohne deutliche Streifen: 18

18 Dunkler Fleck am Schwanzstiel und/oder oberhalb der Brustflossen
wird von Melanophoren gebildet: 19

Dunkler Fleck am Schwanzstiel und/oder oberhalb der Brustflossen
wird nicht von Melanophoren gebildet: 20

19 Distanz zwischen Rictallappen und vorderem Augenrand
mehr als 1/3 des Augendurchmessers (über 4 % der Kopflänge),
Dunkler Fleck am Schwanzstiel fehlt: .... ***Ompok breviricteus***

Distanz zwischen Rictallappen und vorderem Augenrand
weniger als 1/3 des Augendurchmessers (unter 4 % der Kopflänge),
Dunkler Fleck am Schwanzstiel vorhanden: .... ***Ompok siluroides***

20 Oberkieferbarteln über 180 % der Kopflänge und
Kinnbarteln über 34 % der Kopflänge,
Kopfoberseite konkav: .... ***Ompok bimaculatus***

Oberkieferbarteln unter 180 % der Kopflänge und
Kinnbarteln unter 34 % der Kopflänge: 21

21 Schwanzstiellänge meist über 3,5 % der Standardlänge,
Körper eher hellgrau gefärbt,
Kopfoberseite konkav: .... ***Ompok ceylonensis***

Schwanzstiellänge meist unter 3,5 % der Standardlänge,
Körper eher dunkelbraun gefleckt,
Kopfoberseite konvex: .... ***Ompok argestes***

Bestimmungsschlüssel
für die Gattung
Phalacronotus

1 Oberkieferbarteln lang,
über den vorderen Augenrand reichend: 2

Oberkieferbarteln kurz,
nicht bis zum vorderen Augenrand reichend: 3

2 Afterflosse mit mehr als 85 Flossenstrahlen,
unter 21 Kiemenreusendornen: .... ***Phalacronotus micronemus***

Afterflosse mit weniger als 85 Flossenstrahlen,
über 21 Kiemenreusendornen: .... ***Phalacronotus parvanalis***

3 Bezahnung am Pflugscharbein in einem eckigen Band,
Körperhöhe über 5,7-mal in der Standardlänge,
Kinnbarteln klein oder fehlen,
über 18 Kiemenreusendornen: .... ***Phalacronotus apogon***

Bezahnung am Pflugscharbein in einem gebogenen Band,
Körperhöhe unter 5,9-mal in der Standardlänge,
Kinnbarteln klein und vorhanden,
unter 18 Kiemenreusendornen: .... ***Phalacronotus bleekeri***

Bestimmungsschlüssel für die Gattung *Pterocryptis*

1 Afterflosse mit mehr als 80 Flossenstrahlen,
1 Paar Kinnbarteln (ausg. Jungfische): .... ***Pterocryptis indicus***

Afterflosse mit weniger als 80 Flossenstrahlen: 2

2 9 oder weniger Branchiostegalstrahlen,
1 Paar Kinnbarteln (ausg. Jungfische): .... ***Pterocryptis gangelica***

10 oder mehr Branchiostegalstrahlen: 3

3 Bezahnung am Pflugscharbein durchgehend: 4

Bezahnung am Pflugscharbein zweigeteilt: 6

4 Afterflosse mit weniger als 55 Flossenstrahlen,
2 Paar Kinnbarteln,
55 oder weniger Wirbelknochen: ..... ***Pterocryptis cucphuongensis***

Afterflosse mit mehr als 55 Flossenstrahlen: 5

5 Höhe der Rückenflosse über 6,5 % der Standardlänge,
Höhe des Schwanzstiels über 6,5 % der Standardlänge,
2 Paar Kinnbarteln: .... ***Pterocryptis anomala***

Höhe der Rückenflosse unter 6,5 % der Standardlänge,
Höhe des Schwanzstiels unter 6,5 % der Standardlänge,
1 Paar Kinnbarteln (ausg. Jungfische): ...... ***Pterocryptis berdmorei***

6 Hartstrahl der Brustflosse im vorderen Teil gezähnt,
1 Paar Kinnbarteln (ausg. Jungfische): . ***Pterocryptis microdorsalis***

Hartstrahl der Brustflosse im vorderen Teil glatt: 7

7 Kopflänge unter 15 % der Standardlänge,
2 Paar Kinnbarteln: .... ***Pterocryptis bokorensis***

Kopflänge über 15 % der Standardlänge: 8

8 Augendurchmesser unter 7,5 % der Kopflänge,
2 Paar Kinnbarteln: .... ***Pterocryptis wynaadensis***

Augendurchmesser über 7,5 % der Kopflänge: 9

9 Afterflosse mit 55 oder weniger Flossenstrahlen,
1 Paar Kinnbarteln (ausg. Jungfische),
Körper stark gefleckt: .... ***Pterocryptis furnessi***

Afterflosse mit 55 oder mehr Flossenstrahlen,
Körper nicht oder leicht gefleckt: 10

10 52 oder weniger Wirbelknochen,
Mandibularmuskeln stark vergrößert (Wangen stark hervortretend),
2 Paar Kinnbarteln: .... ***Pterocryptis buccata***

53 oder mehr Wirbelknochen,
Mandibularmuskeln nicht vergrößert (Wangen nicht hervortretend),
1 Paar Kinnbarteln (ausg. Jungfische): 11

11 Augen und Pupillen elliptisch: .... ***Pterocryptis inusitata***

Augen und Pupillen rund: 12

12 Kopfhöhe unter 10 % der Standardlänge,
Bauchflossen über 7,4 % der Standardlänge,
Geschlechtspapille lang und spitzt: .. ***Pterocryptis cochinchinensis***

Kopfhöhe über 10 % der Standardlänge,
Bauchflossen unter 7,4 % der Standardlänge,
Geschlechtspapille kurz und rund: 13

13 Afterflosse von der Schwanzflosse durch einen Spalt getrennt,
Kopflänge über 20 % und
Kopfbreite über 15 % der Standardlänge: ... ***Pterocryptis verecunda***

Afterflosse von der Schwanzflosse nicht durch einen Spalt getrennt,
Kopflänge unter 20 % und
Kopfbreite unter 15 % der Standardlänge: ...... ***Pterocryptis crenula***

Bestimmungsschlüssel für die Gattung *Silurichthys*

1 Afterflosse mit 57 oder mehr Flossenstrahlen,
53 oder mehr Wirbelknochen: 2

Afterflosse mit 56 oder weniger Flossenstrahlen,
52 oder weniger Wirbelknochen: 3

2 Bauchflossen fehlen,
1 oder weniger Kiemenreusendornen,
Unterer Schwanzflossenlappen mit 4 oder weniger Flossenstrahlen,
Oberer Lappen der Schwanzflosse mehr als 1,3-mal so lang
wie der untere Lappen: .... ***Silurichthys sanguineus***

Bauchflossen vorhanden,
2 oder mehr Kiemenreusendornen,
Unterer Schwanzflossenlappen mit 5 oder mehr Flossenstrahlen,
Oberer Lappen der Schwanzflosse weniger als 1,3-mal so lang
wie der untere Lappen: .... ***Silurichthys schneideri***

3 Oberer Lappen der Schwanzflosse mehr als 1,3-mal so lang
wie der untere Lappen,
Körper nicht oder kaum marmoriert: 4

Oberer Lappen der Schwanzflosse weniger als 1,3-mal so lang
wie der untere Lappen,
Körper deutlich marmoriert: 6

4 Unterer Schwanzflossenlappen mit 4 oder weniger Flossenstrahlen,
Körperbreite in Höhe der Afteröffnung unter 12 % der Standardlänge,
1 oder weniger Kiemenreusendornen: .... ***Silurichthys ligneolus***

Unterer Schwanzflossenlappen mit 5 oder mehr Flossenstrahlen,
Körperbreite in Höhe der Afteröffnung über 12 % der Standardlänge,
2 oder mehr Kiemenreusendornen: 5

5 Hartstrahl der Brustflossen hinten schwach gezähnt,
Schnauze stark konvex: .... ***Silurichthys phaiosoma***

Hartstrahl der Brustflossen hinten stark gezähnt (ausg. Jungfische),
Schnauze leicht konvex: .... ***Silurichthys indragiriensis***

6 1 oder weniger Kiemenreusendornen: .... ***Silurichthys marmoratus***

2 oder mehr Kiemenreusendornen: 7

7 Kopf mit deutlichen Buckel: .... ***Silurichthys gibbiceps***

Kopf ohne deutlichen Buckel: 8

8 Oberkieferbarteln über 288 % der Kopflänge,
Schwanzflosse gegabelt,
Oberer Lappen der Schwanzflosse mehr als 1,15-mal so lang
wie der untere Lappen: .... ***Silurichthys hasseltii***

Oberkieferbarteln unter 288 % der Kopflänge,
Schwanzflosse gerundet,
Oberer Lappen der Schwanzflosse weniger als 1,15-mal so lang
wie der untere Lappen: .... ***Silurichthys citatus***

Bestimmungsschlüssel
für die Gattung
Silurus

1 Bezahnung am Pflugscharbein durchgehend,
Ventrale Leisten (am Beginn der Wirbelsäule) vorhanden: 2

Bezahnung am Pflugscharbein zweigeteilt: 6

2 Hartstrahl der Brustflosse im vorderen Teil glatt,
62 oder mehr freie Wirbelknochen: 3

Hartstrahl der Brustflosse im vorderen Teil gezähnt,
Standardlänge mehr als 4-mal die Kopflänge,
1 Paar Kinnbarteln (ausg. Jungfische): 5

3 Kiefer kurz, reichen nicht bis zum vorderen Augenrand,
oberer und unterer Lappen der Schwanzflosse fast gleich lang,
hintere Kinnbarteln länger als die vorderen: .... ***Silurus glanis***

Kiefer lang, reichen bis über den vorderen Augenrand,
oberer Lappen der Schwanzflosse länger als unterer,
hintere Kinnbarteln (falls vorhanden) kürzer als die vorderen: 4

4 Standardlänge weniger als 4-mal die Kopflänge,
Enden der Oberkieferbarteln mit Papillen besetzt,
2 Paar Kinnbarteln: .... ***Silurus soldatovi***

Standardlänge mehr als 4-mal die Kopflänge,
Enden der Oberkieferbarteln nicht mit Papillen besetzt,
1 Paar Kinnbarteln (ausg. Jungfische): .... ***Silurus meridionalis***

5 Brustflosse mit 13 oder weniger Weichstrahlen,
64 oder weniger Wirbelknochen: .... ***Silurus asotus***

Brustflosse mit 13 oder mehr Weichstrahlen,
63 oder mehr Wirbelknochen: .... ***Silurus biwaensis***

6 Hartstrahl der Brustflosse im vorderen Teil glatt,
hintere Kinnbarteln (falls vorhanden) kürzer als die vorderen,
62 oder mehr freie Wirbelknochen: .... ***Silurus triostegus***

Hartstrahl der Brustflosse im vorderen Teil gezähnt: 7

7 Ventrale Leisten (am Beginn der Wirbelsäule) vorhanden,
1 Paar Kinnbarteln (ausg. Jungfische): 8

Ventrale Leisten (am Beginn der Wirbelsäule) fehlen,
63 oder weniger freie Wirbelknochen: 10

8 Mehr als 12 Kiemenreusendornen,
63 oder weniger freie Wirbelknochen: .... ***Silurus aristotelis***

Weniger als 12 Kiemenreusendornen,
62 oder mehr freie Wirbelknochen: 9

9 Hartstrahl der Brustflosse im vorderen Teil leicht gezähnt,
Oberkieferbarteln reichen bis zur Spitze der Brustflossen,
Schnauzenspitze abgerundet: .... ***Silurus lanzhouensis***

Hartstrahl der Brustflosse im vorderen Teil stark gezähnt,
Oberkieferbarteln reichen nicht bis zur Spitze der Brustflossen
(ausgenommen Jungfische),
Schnauzenspitze zugespitzt: .... ***Silurus lithophilus***

10 Oberkieferbarteln kürzer als der Kopf,
reichen nicht über die Basis der Brustflossen,
Hartstrahl der Brustflosse im hinteren Teil nicht gezähnt,
Mesethmoid vorne sehr stark eingebuchtet: .... ***Silurus mento***

Oberkieferbarteln länger als der Kopf,
reichen über die Basis der Brustflossen,
Mesethmoid vorne nur leicht eingebuchtet: **11**

11 Afterflosse mit 65 oder weniger Weichstrahlen,
Hartstrahl der Brustflosse im hinteren Teil stark gezähnt,
57 oder weniger Wirbelknochen,
1 Paar Kinnbarteln (ausg. Jungfische): .... ***Silurus duanensis***

Afterflosse mit 65 oder mehr Weichstrahlen: 12

12 Hartstrahl der Brustflosse im hinteren Teil nicht gezähnt,
58 oder mehr Wirbelknochen,
1 Paar Kinnbarteln (ausg. Jungfische): .... ***Silurus grahami***

Hartstrahl der Brustflosse im hinteren Teil stark gezähnt,
57 oder weniger Wirbelknochen,
2 Paar Kinnbarteln: .... ***Silurus burmanensis***

Bestimmungsschlüssel für die Gattung *Wallago*

1 Maulspalte reicht bis hinter die Augen,
Kinnbarteln länger als die Bauchflossen,
Mehr als 20 Kiemenreusendornen,
Afterflosse mit mehr als 76 Flossenstrahlen: .... ***Wallago attu***

Maulspalte reicht nicht bis hinter die Augen,
Kinnbarteln kürzer als die Bauchflossen,
Weniger als 20 Kiemenreusendornen,
Afterflosse mit weniger als 76 Flossenstrahlen: 2

2 Brustflossen unter 8,8 % der Standardlänge,
Augendurchmesser über 10,5 % der Kopflänge: .... ***Wallago leerii***

Brustflossen über 8,8 % der Standardlänge,
Augendurchmesser unter 10,5 % der Kopflänge: 3

3 Hartstrahl der Brustflosse über 12 % der Standardlänge,
Körperseiten dunkel gefärbt und mit hellen Flecken versehen,
63 oder mehr Wirbelknochen: .... ***Wallago micropogon***

Hartstrahl der Brustflosse unter 12 % der Standardlänge,
Körperseiten hell gefärbt und mit dunklen Flecken versehen,
62 oder weniger Wirbelknochen: .... ***Wallago maculatus***

Überblick

Meristische Merkmale

ART	D F	A F	V F	K R	W I
Belodontichthys dinema	3-5	79-96	9-10	28-33	64-68
Belodontichthys truncatus	3-4	79-93	9-10	30-33	64-68
Ceratoglanis pachynema	0-0	90-101	7-8	11-13	63-64
Ceratoglanis scleronema	0-0	98-112	7-8	12-15	62-65
Hemisilurus heterorhynchos	0-0	90-98	9-9	10-14	63-64
Hemisilurus mekongensis	0-0	78-92	8-10	12-15	61-65
Hemisilurus moolenburghi	0-0	91-96	9-9		
Hito taytayensis	2-4	55-68	6-8	9-15	48-51
Kryptopterus baramensis	1-1	70-79	7-9	14-18	57-59
Kryptopterus bicirrhis	1-2	53-68	6-7	27-31	47-49
Kryptopterus cheveyi	0-0	66-71	8-8	27-31	
Kryptopterus cryptopterus	2-2	64-78	5-6	18-30	49-53
Kryptopterus dissitus	1-1	75-79	7-9	14-16	58-59
Kryptopterus geminus	2-2	64-74	5-6	20-22	50-54
Kryptopterus hesperius	1-1	78-79	7-9	16-17	57-58
Kryptopterus hexapterus	0-0	74-83	8-8		60-61
Kryptopterus lais	1-1	58-66	6-6	17-18	48-48
Kryptopterus limpok	1-1	76-85	7-9	15-20	57-59
Kryptopterus lumholtzi	1-1	88-88	8-9		
Kryptopterus macrocephalus	1-2	48-55	5-6	11-13	42-45
Kryptopterus minor	1-1	46-60	5-6	10-13	43-46
Kryptopterus mononema	1-1	76-79	7-8		
Kryptopterus palembangensis	1-2	61-70	6-6	16-21	46-49
Kryptopterus paraschilbeides	0-0	68-73	4-5	24-28	48-50
Kryptopterus piperatus	2-3	49-53	5-6	16-18	44-45
Kryptopterus platypogon	0-0	82-83	7-8	26-27	60-61
Kryptopterus schilbeides	0-0	65-71	5-6	30-31	49-50
Kryptopterus vitreolus	2-3	48-55	5-6	14-18	44-47
Ompok argestes	3-4	56-63	6-7	11-12	48-52
Ompok bimaculatus	3-4	56-73	6-8	10-12	59-74
Ompok binotatus	3-4	53-58	6-6	12-14	46-49
Ompok brevirictus	3-4	56-73	7-8		
Ompok ceylonensis	3-4	58-66	6-8		
Ompok eugeneiatus	3-4	58-62	7-8	17-19	50-51
Ompok fumidus	4-4	53-60	7-8	8-11	43-50
Ompok hypophtalmus	3-4	74-84	5-7	14-16	54-55
Ompok jaynei	4-4	50-58	6-7	9-12	43-51
Ompok leiacanthus	4-4	52-60	6-8	8-10	42-48
Ompok malabaricus	3-4	62-72	7-9	11-12	54-55
Ompok pabda	4-5	48-56	7-8		
Ompok pabo	4-5	65-73	9-10		54-55
Ompok pinnatus	3-4	53-58	6-7	20-22	48-49
Ompok platyrhynchus	2-3	74-80	7-8	17-18	59-60
Ompok pluriradiatus	3-4	63-70	6-7	14-17	52-54
Ompok rhadinurus	3-4	76-85	7-8	14-17	56-58
Ompok sabanus	3-4	53-66	6-7	12-21	46-50
Ompok siluroides	3-4	56-73	7-8		
Ompok supernus	3-4	54-66	6-7		

Ompok urbaini	3-4	65-71	5-8	15-17	47-52
Ompok weberi	2-4	40-48	5-6	11-12	41-43
Phalacronotus apogon	0-0	75-91	9-10	19-20	62-63
Phalacronotus bleekeri	0-0	77-85	9-10	14-16	62-63
Phalacronotus micronemus	0-0	86-93	9-10	19-20	62-63
Phalacronotus parvanalis	0-0	71-83	7-9	22-27	
Pterocryptis anomala	2-4	57-69	6-10	4-10	50-57
Pterocryptis berdmorei	1-4	62-77	7-9	2-6	54-57
Pterocryptis bokorensis	4-5	63-63	8-8		56-56
Pterocryptis buccata	3-4	55-61	5-10	5-10	50-52
Pterocryptis cochinchinensis	3-4	57-73	6-9	4-9	53-58
Pterocryptis crenula	3-4	61-62	7-8	6-7	55-58
Pterocryptis cucphuongensis	3-4	51-54	6-8	6-7	53-54
Pterocryptis furnessi	3-4	42-55	8-9	6-12	41-43
Pterocryptis gangelica	2-4	67-75	6-9	5-5	59-60
Pterocryptis indicus	1-2	84-85	6-6	5-6	
Pterocryptis inusitata	2-4	56-65	6-9	9-10	55-56
Pterocryptis microdorsalis	1-3	61-74	9-11	6-7	59-60
Pterocryptis verecunda	3-4	56-61	7-9	6-7	55-56
Pterocryptis wynaadensis	3-4	56-66	7-7	10-11	52-54
Silurichthys citatus	3-4	55-56	5-7	3-5	48-51
Silurichthys gibbiceps	3-4	47-54	5-7	2-4	49-51
Silurichthys hasseltii	3-4	46-58	5-7	2-4	46-52
Silurichthys indragiriensis	3-4	45-56	4-7	4-5	46-50
Silurichthys ligneolus	2-4	44-45	4-6	0-1	46-48
Silurichthys marmoratus	3-4	44-55	4-7	0-1	48-52
Silurichthys phaiosoma	3-4	49-56	5-7	5-7	49-52
Silurichthys sanguineus	3-4	59-60	0-0	0-1	56-58
Silurichthys schneideri	3-4	58-68	5-7	7-8	53-55
Silurus aristotelis	3-4	66-76	9-10	14-15	56-61
Silurus asotus	4-6	59-88	8-13	12-16	59-64
Silurus biwaensis	4-6	71-83	10-13	11-15	63-68
Silurus burmanesis	3-4	69-75	8-10	10-11	55-56
Silurus duanensis	3-4	55-63	8-12	10-12	56-57
Silurus glanis	3-5	77-95	9-17	12-17	67-76
Silurus grahami	3-5	67-75	9-11	10-13	58-63
Silurus lanzhouensis	3-5	70-88	9-12	9-13	63-69
Silurus lithophilus	4-5	77-82	10-12	9-11	62-69
Silurus mento	3-6	61-73	8-10	12-15	52-60
Silurus meridionalis	5-6	71-85	10-12	12-17	64-68
Silurus soldatovi	4-6	78-90	11-14	10-16	67-68
Silurus triostegus	3-4	77-94	9-14	12-17	69-74
Wallago attu	4-6	77-97	8-11	24-30	68-69
Wallago leeri	4-5	60-75	8-11	12-17	63-67
Wallago maculatus	4-5	60-67	8-10	13-19	56-62
Wallago micropogon	4-5	68-73	9-10	14-16	63-65

Abkürzungen:

DF = Flossenstrahlen der Rückenflosse, AF = Flossenstrahlen der Afterflosse, VF = Flossenstrahlen der Bauchflossen, KR = Kiemenreusendornen am ersten Kiemenbogen, WI = Wirbelknochen;

ARTEN

Belodontichthys Bleeker, 1857

Belodontichthys dinema. (Foto: T. Warren)

Belodontichthys dinema Bleeker, 1851. **Gemeiner Himmelswels**

Beschreibung:
Rückenflosse mit 3-5 Flossenstrahlen, Afterflosse mit 79-96 Flossenstrahlen, Brustflossen mit 1 Hart- und 15-19 Weichstrahlen, 28-33 Kiemenreusendornen, 12-15 Branchiostegalstrahlen, 64-68 Wirbel.
Der im Querschnitt dreieckige Kopf ist im oberen Teil zusammengedrückt und im Profil konkav, der untere Teil abgeflacht und im Profil konvex. Ein Paar Barteln am Oberkiefer, die bis über die Brustflossen reichen und ein Paar kurze Barteln am Unterkiefer.
Die Männchen sind schlanker und der hintere Rand des Hartstrahls der Brustflossen ist stark gezähnt, bei den Weibchen dagegen glatt.
Die Oberseite ist grünblau bis graubraun und die Unterseite ist silbrigweiß gefärbt. Die Basis der Flossen ist gelbbraun gefärbt. Jungfische haben meist einen dunkelbraunen Streifen entlang der Seiten.

Verbreitung:
Der Gemeine Himmelswels kommt in Südostasien in mittleren bis großen Flüssen in Indonesien (Sumatra und Borneo) vor (7° Nördlicher bis 6° Südlicher Breite).

Lebensweise:
Er bevorzugt Fließgewässerstrecken mit tiefen Pools, wo er sich zur Trockenzeit aufhält. Er wandert von Juni bis Juli zusammen mit anderen

Welsarten flussaufwärts, hält sich von Juli bis Oktober in überschwemmten Waldgebieten auf und wandert von November bis Dezember zurück in den Hauptfluss.
Die Geschlechtsreife wird bei beiden Geschlechtern mit einer Länge von 50-60 cm und einem Gewicht von 750-1000 g erreicht.
Die Laichzeit erstreckt sich von Juli bis August, zu Beginn der Regenzeit.
Die frisch geschlüpften ca. 6 mm langen Larven beginnen nach etwa 2 Tagen bei einer Länge von ca. 7 mm mit der aktiven Nahrungsaufnahme.
Die Nahrung besteht aus Insekten und Krebstieren, sowie vor allem aus kleinen Fischen (*Henicorhynchus, Cirrhinus*), die in der Nähe der Wasseroberfläche erbeutet werden.
Diese Art kann bis zu 1 m lang werden. Die Durchschnittsgröße beträgt etwa 50-60 cm und 750-1000 g.

Bedeutung:
Wirtschaftlich ist diese Gattung für die Fischerei von Bedeutung. Der Fang erfolgt mit Stell-, Wurf- und Zugnetzen sowie Reusen. Es sind aber auch ausgezeichnete Angelfische. Die Fische werden frisch, getrocknet oder gesalzen vermarktet.

Weitere Arten:
Belodontichthys truncatus Kottelat et Ng, 1999 – kommt im Menam (Chao Phraya) und Mekong in Thailand und Indochina (Laos, Kambodscha und Vietnam) vor.

Belodontichthys truncatus. (Foto: M. Hochleithner)

Ceratoglanis Myers, 1938

Ceratoglanis scleronema. (Foto: H.H. Ng)

Ceratoglanis scleronema Bleeker, 1862. **Gemeiner Hakenbartelwels**

Beschreibung:

Rückenflosse fehlt, Afterflosse mit 98-112 Flossenstrahlen, Brustflossen mit 1 Hart- und 13-16 Weichstrahlen, 12-13 Kiemenreusendornen, 9-11 Branchiostegalstrahlen, 62-65 Wirbel.
Die Männchen bekommen an den Enden der kurzen, hakenförmig nach hinten gebogenen Oberkieferbarteln membranartige Erweiterungen, sowie einen breiten, zusammengedrückten Hartstrahl an der Brustflosse der am hinteren Rand gezähnt ist.
Die Oberseite ist braungrau und die Unterseite ist weißgrau gefärbt. Die Flossen sind grau gefärbt und die Oberkieferbarteln nicht pigmentiert.

Verbreitung:

Der Gemeine Hakenbartelwels kommt in Südostasien im Citarum und Krawang auf Java, im Batang Hari und Siak auf Sumatra, im Baram, Barito, Kapuas und Rajang auf Borneo, sowie im Pahang in Malaysia vor (5° Nördlicher bis 8° Südlicher Breite).

Lebensweise:
Er bevorzugt tiefe und trübe Fließgewässerstrecken mit schlammigen Untergrund.
Die Nahrung besteht hauptsächlich aus Wirbellosen, wie Insekten und Krebstieren (*Neorhynchoplax*), sowie aus kleinen Fischen.
Diese Art kann bis zu 70 cm lang werden.

Bedeutung:
Wirtschaftlich ist diese Gattung für die Fischerei von geringer Bedeutung. Die Fische werden jedoch gelegentlich auf Märkten angeboten.

Weitere Arten:
Ceratoglanis pachynema Ng, 1999 – kommt im Menam (Chao Phraya) und Mekong in Thailand und Indochina (Laos, Kambodscha und Vietnam) vor.

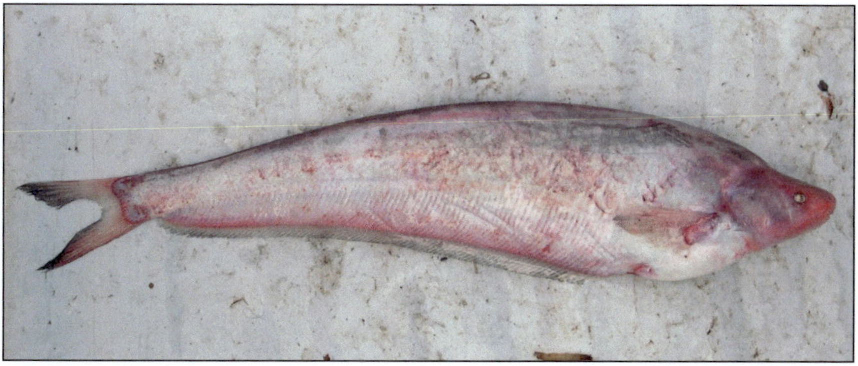

Ceratoglanis pachynema. (Foto: M. Hochleithner)

Hemisilurus Bleeker, 1857

Hemisilurus mekongensis. (Foto: A. Taylor)

Hemisilurus heterorhynchos Bleeker, 1853. **Gemeiner Bodenwels**

Beschreibung:
Rückenflosse fehlt, Afterflosse mit 90-98 Flossenstrahlen, Brustflossen mit 1 Hart- und 18-20 Weichstrahlen, 10-14 Kiemenreusendornen, 10-12 Branchiostegalstrahlen, 63-64 Wirbel.
Die Weibchen bekommen an den Enden der Oberkieferbarteln membranartige Erweiterungen. Der Hartstrahl der Brustflosse ist bei den Weibchen glatt und bei den Männchen leicht gezähnt.
Die Oberseite ist grau, oft violett angehaucht, die Seiten sind heller und der Bauch ist meist weiß gefärbt.

Verbreitung:
Der Gemeine Bodenwels kommt in Südostasien in mittleren bis großen Flüssen auf Sumatra und Borneo, sowie im Mekong vor (20° Nördlicher bis 6° Südlicher Breite).

Lebensweise:
Er bevorzugt tiefe und trübe Fließgewässerstrecken mit sandigen bis schlammigen Untergrund. Zu Beginn der Regenzeit wandert er flussaufwärts und später auch in überschwemmte Waldgebiete.
Die Nahrung besteht hauptsächlich aus Wirbellosen, wie Würmern Insekten und Krebsen (*Varuna, Macrobrachium)*, sowie gelegentlich aus Fischen und Pflanzenteilen. Oft werden auch größere Mengen an Sedimenten mit aufgenommen.

Diese Art kann bis zu 80 cm lang und 5 kg schwer werden. Die Durchschnittsgröße beträgt etwa 35-45 cm und 250-350 g.

Bedeutung:
Wirtschaftlich ist diese Gattung für die Fischerei von Bedeutung. Der Fang erfolgt meist mit Stell- und Zugnetzen sowie Reusen. Die Fische sind auf lokalen Märkten besonders gefragt und werden meist frisch und teuer verkauft.

Weitere Arten:
Hemisilurus mekongensis Dornbusch et Lundberg, 1989 – kommt im Mekong vor.
Hemisilurus moolenburghi Weber et DeBeaufort, 1913 – kommt auf Sumatra und im Westen von Borneo vor.

Hemisilurus moolenburghi. (Foto: H.H. Ng)

Hito Herre, 1924

Hito taytayensis. (Foto: J.D. Matillano)

Hito taytayensis Herre, 1924. **Philippinischer Wels**

Beschreibung:
Rückenflosse mit 2-4 Flossenstrahlen, Afterflosse mit 55-68 Flossenstrahlen, Brustflossen mit 1 Hart- und 10-11 Weichstrahlen, 9-15 Kiemenreusendornen, 10-14 Branchiostegalstrahlen, 48-51 Wirbel.
Die relativ kurzen Brustflossen besitzen einen spitzen Hartstrahl. Die Schwanzflosse ist gegabelt. Die Barteln am Oberkiefer sind relativ lang und reichen oft bis zum Beginn der Afterflosse.
Die Oberseite ist grau, die Seiten sind heller und der Bauch ist weiß gefärbt.

Verbreitung:
Der Philippinische Wels kommt in Südostasien auf den Inseln Taytay, Palawan, Culion und Busuanga in den Philippinen vor (12° Nördlicher bis 3° Südlicher Breite).

Lebensweise:
Er bevorzugt den Uferbereich von Flüssen und Seen und wandert zur Regenzeit in Zuflüsse. Über die Lebensweise ist sonst wenig bekannt.
Diese Art kann bis zu 20 cm lang werden.

Bedeutung:
Wirtschaftlich hat diese Gattung eine geringe Bedeutung.

Weitere Arten: Es kommen keine weiteren Arten dieser Gattung vor.

Kryptopterus Bleeker, 1857

Kryptopterus bicirrhis. (Foto: J. Jensen)

Kryptopterus bicirrhis Valenciennes, 1840. **Gemeiner Glaswels**

Beschreibung:
Rückenflosse mit 1-2 Flossenstrahlen, Afterflosse mit 55-68 Flossenstrahlen, Brustflossen mit 1 Hart- und 6-7 Weichstrahlen, 27-31 Kiemenreusendornen, 10-12 Branchiostegalstrahlen, 47-49 Wirbel.
Die Brustflossen sind länger als der Kopf. Die Barteln am Oberkiefer sind relativ lang und reichen bis zum Beginn der Afterflosse.
Der Körper ist glasig, fast durchsichtig und kaum gefärbt, so dass oft die in der irisierend, silbrig reflektierenden Bauchhöhle befindlichen inneren Organe sichtbar sind (vor allem bei Jungfischen).

Verbreitung:
Der Gemeine Glaswels kommt in Südostasien in trüben, großen Flüssen in Vietnam, Thailand, Malaysia und Indonesien (Java, Sumatra und Borneo) vor (20° Nördlicher bis 9° Südlicher Breite).

Lebensweise:
Er lebt in kleinen Gruppen meist in strömungsberuhigten Stellen größerer Flüsse und wandert auch in überschwemmte Waldgebiete. Die Eier werden gerne über feinfiedrigen Pflanzen abgelegt.
Er ist vorwiegend dämmerungsaktiv und geht nahe der Wasseroberfläche auf Nahrungssuche.
Die Nahrung besteht hauptsächlich aus Wirbellosen, wie Insekten, Krebsen und Würmern sowie kleinen Fischen.
Die Männchen sind meist kleiner und schlanker als die Weibchen.
Diese Art kann bis über 15 cm lang werden.

Bedeutung:
Wirtschaftlich ist diese Gattung für die Fischerei von großer Bedeutung. Der Fang erfolgt mit Stell-, Wurf- und Zugnetzen. Die jährlichen Fänge betrugen in Indonesien im Durchschnitt in den 1950er Jahren 7.120 t, in den 1960er Jahren 11.720 t, in den 1970er Jahren 10.860 t, in den 1980er Jahren 13.570 t, in den 1990er Jahren 15.860 t und in den 2000er Jahren 12.996 t. Einige Arten werden als Speisefische (auch für Fischsauce) verwendet, andere als Aquarienfische verkauft.
Für die Aquarienhaltung empfiehlt es sich, die Glaswelse in Gruppen von min. 10 Individuen in hellen Aquarien mit einer Länge von mindestens 1 m und einer Hintergrundbepflanzung bei einer Wassertemperatur von 20-26 °C zu halten. Arten dieser Gattung eignen sich auch für die Haltung in Gesellschaftsaquarien mit anderen Fischarten.

Weitere Arten:
Kryptopterus baramensis Ng, 2002 – kommt im Baram im Norden von Borneo in Malaysia vor.
Kryptopterus cheveyi Durand, 1940 – kommt im Mekong und Menam (Chao Phraya) in Thailand und Indochina vor.
Kryptopterus cryptopterus Bleeker, 1851 – kommt auf der Malaccahalbinsel in Malaysia, sowie auf Java, Sumatra und Borneo vor.
Kryptopterus dissitus Ng, 2001 – kommt im Menam (Chao Phraya) und Mekong in Thailand und Indochina vor.
Kryptopterus geminus Ng, 2003 – kommt im Menam (Chao Phraya), Bang Pakong, Mae Khlong und Mekong in Thailand und Indochina vor.
Kryptopterus hesperius Ng, 2002 – kommt im Mae Khlong im Westen von Thailand vor.
Kryptopterus hexapterus Bleeker, 1851 – kommt in Indonesien auf Sumatra und Borneo vor.
Kryptopterus lais Bleeker, 1851 – kommt auf Borneo vor.

Kryptopterus limpok Bleeker, 1852 – kommt von Malaysia bis Indonesien (Sumatra und Borneo) vor.
Kryptopterus lumholtzi Rendahl, 1922 – kommt im Kayan im Osten von Borneo vor.
Kryptopterus macrocephalus Bleeker, 1858 – kommt in Indonesien, Malaysia und Brunei vor.
Kryptopterus minor Roberts, 1989 – kommt im Westen von Borneo vor.
Kryptopterus mononema Bleeker, 1947 – kommt im Solo im Westen von Java in Indonesien vor.
Kryptopterus palembangensis Bleeker, 1852 – kommt auf Sumatra in Indonesien vor.
Kryptopterus paraschilbeides Ng, 2003 – kommt im Mekong vor.
Kryptopterus piperatus Ng, Wirjoatmodjo et Hadiaty, 2004 – kommt im Lembang und Alas im Norden von Sumatra vor.
Kryptopterus platypogon Ng, 2004 – kommt im Rajang im Nordwesten von Borneo vor.
Kryptopterus schilbeides Bleeker, 1858 – kommt auf Sumatra und Borneo in Indonesien vor.
Kryptopterus vitreolus Ng et Kottelat, 2013 – kommt im Süden und Osten von Thailand vor.

Kryptopterus cryptopterus. (Foto: J. Jensen)

Ompok Lacépède, 1803

Ompok bimaculatus. (Foto: J. Jensen)

Ompok bimaculatus Bloch, 1794. **Doppelfleck-Butterwels**

Beschreibung:
Rückenflosse mit 3-4 Flossenstrahlen, Afterflosse mit 56-73 Flossenstrahlen, Brustflossen mit 1 Hart- und 11-14 Weichstrahlen, 10-12 Kiemenreusendornen, 11-12 Branchiostegalstrahlen, 59-74 Wirbel.
Ein Paar Barteln am Oberkiefer, die bis über die Brustflossen reichen und ein Paar Barteln am Unterkiefer, die etwa so kurz wie der Augendurchmesser sind.
Die Oberseite ist graubraun oft graublau angehaucht, die Seiten sind heller marmoriert und der Bauch ist weiß gefärbt. Über der Basis der Brustflossen und am Ende des Schwanzstiels befindet sich ein runder schwarzer Fleck.

Verbreitung:
Der Doppelfleck-Butterwels kommt in Südasien von Afghanistan über Indien bis Myanmar vor (35° Nördlicher bis 8° Südlicher Breite).

Lebensweise:
Er bevorzugt langsam fließende, meist schlammige bis sandige Gewässer mit einer Tiefe von weniger als 2 m und kann gelegentlich auch im Brackwasser vorkommen. Bei Hochwasser wandern die Fische auch in Überschwemmungsgebiete.
Die Geschlechtsreife wird bei den Männchen bei einer Größe von 10-24 cm und bei den Weibchen bei einer Größe von 12-26 cm mit einem Alter von 1-2 Jahren erreicht.
Die Laichzeit erstreckt sich, meist über die Regenzeit, von Juni bis Oktober. Die 2.000-60.000 transparenten und leicht klebrigen Eier je Weibchen (ca. 220.000 St./kg Körpergewicht) haben eine Größe von 0,9-1,3 mm. Die Erbrütungsdauer beträgt bei einer Wassertemperatur von 25-27 °C etwa 21-23 Stunden. Die aktive Nahrungsaufnahme der Brütlinge beginnt bei einer Wassertemperatur von etwa 27 °C etwa 2-3 Tage nach der Befruchtung.
Die Nahrung besteht hauptsächlich aus Insekten und Krebstieren sowie aus Weichtieren, Würmern und Fischen (*Chela, Esomus, Trichogaster, Puntius, Rohtee*) und gelegentlich auch aus Pflanzenteilen.
Diese Art kann bis zu 50 cm lang und 1 kg schwer werden. Die Durchschnittsgröße beträgt etwa 20-30 cm und 50-100 g.

Bedeutung:
Wirtschaftlich ist diese Gattung sowohl für die Fischerei, als auch für die Aquakultur und Aquaristik von Bedeutung. Der Fang erfolgt mit Stell-, Wurf- und Zugnetzen sowie Reusen. Die Fische werden oft frisch, getrocknet oder geräuchert vermarktet. Mitte bis Ende der 2000er Jahre wurden in Indonesien jährlich 317-718 t (ca. 469 t) gefangen.

Weitere Arten:
Ompok argestes Sudasinghe et Meegaskumbura, 2016 – kommt im Westen von Sri Lanka vor.
Ompok binotatus Ng, 2002 – kommt im Kapuas im Westen von Borneo in Indonesien vor.
Ompok brevirictus Ng et Hadiaty, 2009 – kommt im Norden von Sumatra in Indonesien vor.
Ompok ceylonensis Günther, 1864 - kommt im Osten von Sri Lanka vor.
Ompok eugeneiatus Vaillant, 1893 – kommt in Malaysia und Brunei auf Sumatra und Borneo in Indonesien vor.
Ompok fumidus Tan et Ng, 1996 – kommt auf der Malaccahalbinsel in Malaysia, sowie auf Borneo und Bintan in Indonesien vor.
Ompok hypophthalmus Bleeker, 1846 – kommt im Ciliwung und Brantas

auf Java und im Barito im Süden von Borneo vor.
Ompok jaynei Fowler, 1905 – kommt im Nordwesten von Borneo, in Sarawak und Sabah in Malaysia sowie in Kalimantan in Indonesien vor.
Ompok leiacanthus Bleeker, 1853 – kommt auf Sumatra und Bangka in Indonesien vor.
Ompok malabaricus Valenciennes, 1840 – kommt von Goa bis Kerala im Südwesten von Indien vor.
Ompok pabda Hamilton, 1822 – kommt in Afghanistan, Pakistan, Indien, Bhutan, Bangladesh und Myanmar vor.
Ompok pabo Hamilton, 1822 – kommt in Pakistan, Indien, Bangladesh und Myanmar vor.
Ompok pinnatus Ng, 2003 – kommt im Menam (Chao Phraya) und Mekong in Thailand und Kambodscha vor.
Ompok platyrhynchus Ng et Tan, 2004 – kommt im Temburong in Brunei auf Borneo vor.
Ompok pluriradiatus Ng, 2002 – kommt im Mahakam im Osten von Borneo vor.
Ompok rhadinurus Ng, 2003 – kommt im Kapuas im Westen von Borneo, im Batang Hari, Deli, Indragiri und Musi auf Sumatra, sowie auf der Malaccahalbinsel in Thailand und Malaysia vor.
Ompok sabanus Inger et Chin, 1959 – kommt im Segama, Kinabatagan und Sebuku im Nordosten von Borneo vor.
Ompok siluroides Lacépède, 1803 – kommt von China über Thailand und Malaysia bis nach Indonesien (Java und Borneo) vor.
Ompok supernus Ng, 2008 – kommt im Rungan im Süden von Borneo vor.
Ompok urbaini Fang et Chaux, 1949 – kommt im Menam (Chao Phraya) und Mekong in Indochina (Kambodscha, Laos und Vietnam) vor.
Ompok weberi Hardenberg, 1936 – kommt im Kapuas und Landak im Westen sowie im Kumai und Sebangau im Süden von Borneo vor.

Ompok eugeneiatus. (Foto: J. Jensen)

Phalacronotus Bleeker, 1857

Phalacronotus bleekeri. (Foto: J. Jensen)

Phalacronotus bleekeri Günther, 1864. **Bleekers Kurzbartelwels**

Beschreibung:
Rückenflosse fehlt, Afterflosse mit 77-85 Flossenstrahlen, Brustflossen mit 1 Hart- und 14-15 Weichstrahlen, 14-16 Kiemenreusendornen, 14-16 Branchiostegalstrahlen, 62-63 Wirbel.
Die Brustflossen sind kürzer als der Kopf. Die Barteln am Oberkiefer sind relativ kurz und reichen nicht über die Augen. Die Barteln am Unterkiefer sind kürzer als der Augendurchmesser.
Die Oberseite ist silbergrau oft rosarot angehaucht und die Unterseite ist weiß gefärbt.

Verbreitung:
Der Bleekers Kurzbartelwels kommt in Südostasien in Flüssen und Seen von Laos und Kambodscha über Thailand bis Malaysia vor (20-1° Nördlicher Breite).

Lebensweise:
Er bevorzugt tiefe und trübe Fließgewässerstrecken, kommt aber auch in stehenden Gewässern vor. Mit Beginn der Regenzeit wandert er von Mai bis Juli vom Hauptfluss in kleinere Zuflüsse und Überschwemmungsgebiete. Die Rückwanderung erfolgt mit Beginn der Trockenzeit, oft bei Vollmond. Die Trockenzeit wird meist in tiefen Gewässerabschnitten im Hauptfluss verbracht.
Die Laichzeit erstreckt sich von April bis September.
Die Eimenge beträgt etwa 100.000-160.000 Stück je kg Körpergewicht.
Die Eier haben einen Durchmesser von 0,7-0,9 mm.
Die frisch geschlüpften 4-5 mm langen Larven beginnen nach etwa 2 Tagen bei einer Länge von 5-6 mm mit der aktiven Nahrungsaufnahme.
Die Nahrung besteht hauptsächlich aus Krebstieren, Insekten und Würmern, sowie kleinen pelagischen Fischen und selten aus Pflanzen.
Diese Art kann bis zu 80 cm lang und 7 kg schwer werden. Die Durchschnittsgröße beträgt etwa 35-45 cm und 300-400 g.

Bedeutung:
Wirtschaftlich ist diese Gattung für die Fischerei von Bedeutung. Der Fang erfolgt meist mit Stell- und Zugnetzen, sowie Reusen. Die Fische werden meist frisch oder geräuchert (oft auf Holzspießen) verkauft. Experimentell wird diese Art auch in der Aquakultur produziert.

Weitere Arten:
Phalacronotus apogon Bleeker, 1851 – kommt im Mekong und Menam (Chao Phraya) in Thailand und Indochina, sowie in Indonesien (Java, Sumatra, Borneo) vor.
Phalacronotus micronemus Bleeker, 1846 – kommt von Thailand bis Indonesien (Java und Borneo) vor.
Phalacronotus parvanalis Inger et Chin, 1959 – kommt im Nordosten von Borneo vor.

Phalacronotus apogon. (Foto: J. Jensen)

Pterocryptis Peters, 1861

Pterocryptis anomala. (Foto: H. Zhou)

Pterocryptis cochinchinensis Valenciennes, 1840.
Cochinchinesischer Bachwels

Beschreibung:
Rückenflosse mit 3-4 Flossenstrahlen, Afterflosse mit 57-73 Flossenstrahlen, Brustflossen mit 1 Hart- und 8-12 Weichstrahlen, 4-9 Kiemenreusendornen, 10-13 Branchiostegalstrahlen, 53-58 Wirbel.
Ein Paar Barteln am Oberkiefer und nur ein Paar Barteln am Unterkiefer. Jungfische bis 5-7 cm Länge besitzen oft noch ein weiteres Paar kleinerer Barteln am Unterkiefer, das sich aber ab dieser Größe zurückbildet. Der hintere Rand des Hartstrahls der Brustflossen ist bei den Männchen stark gezähnt und bei den Weibchen glatt. Die Männchen haben eine kleine, konische und die Weibchen eine große, flache und blattartige Genitalpapille, die jeweils in einer Spitze enden.
Die Oberseite ist rotbraun gefleckt und die Unterseite und Flossen sind graubraun gefärbt. Der Rand der Afterflosse ist meist weiß und die Barteln sind gelbbraun gefärbt.

Verbreitung:
Der Cochinchinesische Bachwels kommt in Südostasien in Bächen und Flüssen in Vietnam, sowie auf der Insel Hainan vor (24-13° Nördlicher Breite).

Lebensweise:
Er bevorzugt kleinere Fließgewässer mit starker bis mäßiger Strömung, überwiegend steinigem Untergrund und ist vorwiegend nachtaktiv.
Die Nahrung besteht hauptsächlich aus Insekten und Krebsen, sowie kleinen Fischen.
Diese Art kann bis zu 30 cm lang werden.

Bedeutung:
Wirtschaftlich ist diese Gattung für die Fischerei von Bedeutung.

Weitere Arten:
Pterocryptis anomala Herre, 1933 – kommt von Fujian bis Guangxi im Südosten von China (ausgenommen der Insel Hongkong) vor.
Pterocryptis berdmorei Blyth, 1860 – kommt in Indien, Myanmar, Thailand und im Süden von Kambodscha vor.
Pterocryptis bokorensis Pellegrin et Chevey, 1937 – kommt in Kambodscha vor.
Pterocryptis buccata Ng et Kottelat, 1998 – kommt im Maeklong im Westen von Thailand vor.
Pterocryptis crenula Ng et Freyhof, 2001 – kommt im Nordosten von Vietnam vor.
Pterocryptis cucphuongensis Mai, 1978 – kommt im Norden von Vietnam vor.
Pterocryptis furnessi Fowler, 1905 – kommt auf Borneo vor.
Pterocryptis gangelica Peters, 1861 – kommt im Ganges und Brahmaputra in Indien und Bangladesh vor.
Pterocryptis indicus Datta, Barman et Jayaram, 1987 – kommt im Namdapha in Arunachal Pradesch in Indien vor.
Pterocryptis inusitata Ng, 1999 – kommt im Nam Theun im Mekong Becken in Laos vor.
Pterocryptis microdorsalis Mori, 1936 – kommt im Jalu in China, sowie in vielen Flüssen in Korea (wie Han-, Kum- und Naktong-gang) vor.
Pterocryptis verecunda Ng et Freyhof, 2001 – kommt im Roten Fluss im Süden von China, sowie auf Cat Ba im Nordosten von Vietnam vor.
Pterocryptis wynaadensis Day, 1873 – kommt im Cauvery und Thungabadhra in Indien vor.

Silurichthys Bleeker, 1856

Silurichthys indragiriensis. (Foto: J. Dignall)

Silurichthys phaiosoma Bleeker, 1851. **Gemeiner Blattwels**

Beschreibung:
Rückenflosse mit 3-4 Flossenstahlen, Afterflosse mit 49-56 Flossenstrahlen, Brustflossen mit 1 Hart- und 8-10 Weichstrahlen, 5-7 Kiemenreusendornen, 11-13 Branchiostegalstrahlen, 49-52 Wirbel.
Ein Paar Barteln am Oberkiefer, die bis über den Anfang der Afterflosse reichen und ein Paar Barteln am Unterkiefer, die länger als der Kopf sind. Die Afterflosse geht komplett in die Schwanzflosse über. Die Schwanzflosse ist relativ lang und der obere Lappen länger als der untere Lappen. Die Männchen bekommen einen breiten, zusammengedrückten Hartstrahl an der Brustflosse, der am hinteren Rand gezähnt ist.
Die Oberseite ist braun marmoriert und die Unterseite etwas heller gefärbt. Die Flossen sind braun und mit dunklen Flecken versehen. Die Barteln sind gelbbraun gefärbt.

Verbreitung:
Der Gemeine Blattwels kommt in Südostasien im Nordwesten von Borneo vor (4° Nördlicher bis 1° Südlicher Breite).

Lebensweise:
Er bevorzugt kleinere, eher ruhigere, tanninhaltige, saure Fließgewässer (pH-Wert 4-5), mit Torfsümpfen. Wanderungen erfolgen meist keine.
Die Geschlechtsreife wird bei beiden Geschlechtern mit einer Größe von 4-5 cm erreicht.
Die Eier haben einen Durchmesser von 0,7-0,9 mm.
Der Tag wird meist versteckt unter Pflanzenteilen verbracht und in der Nacht geht er nahe der Wasseroberfläche auf Nahrungssuche.
Die Nahrung besteht hauptsächlich aus Wirbellosen, wie Insekten.
Die Weibchen werden größer als die Männchen.
Diese Art kann bis über 15 cm lang werden.

Bedeutung:
Wirtschaftlich ist diese Gattung von relativ geringer Bedeutung. Der Fang erfolgt meist mit Wurf- und Zugnetzen. Einige Arten werden als Aquarienfische verkauft. Sie gelten als biologische Indikatoren für die Gewässergüte.

Weitere Arten:
Silurichthys citatus Ng et Kottelat, 1997 – kommt im Kapuas im Westen von Borneo vor.
Silurichthys gibbiceps Ng et Ng, 1998 – kommt im Barito im Süden von Borneo vor.
Silurichthys hasseltii Bleeker, 1858 – kommt in Malaysia, Singapur und auf Java in Indonesien vor.
Silurichthys indragiriensis Volz, 1904 – kommt auf der Malaccahalbinsel in Malaysia, sowie auf Sumatra, Bintan, Bangka und Belitung in Indonesien vor.
Silurichthys ligneolus Ng et Tan, 2011 – kommt im Kahayan und Sebangau im Süden von Borneo vor.
Silurichthys marmoratus Ng et Ng, 1998 – kommt im Norden und Westen von Borneo (Brunei, Sarawak und Kalimantan) vor.
Silurichthys sanguineus Roberts, 1989 – kommt im Kapuas im Westen von Borneo vor.
Silurichthys schneideri Volz, 1904 – kommt im Norden von Sumatra, im Norden der Malaccahalbinsel in Malaysia, sowie in Thailand und im Süden von Kambodscha vor.

Silurus Linnaeus, 1758

Silurus glanis. (Foto: M. Hochleithner)

Silurus glanis Linnaeus, 1758. **Europäischer Wels**, Waller

Beschreibung:
Rückenflosse mit 3-5 Flossenstrahlen, Afterflosse 77-95 Flossenstrahlen, Brustflossen mit 1 Hart- und 12-18 Weichstrahlen, 12-17 Kiemenreusendornen, 15-16 Branchiostegalstrahlen, 67-76 Wirbel. Ein Paar langer Barteln am Oberkiefer und zwei Paar kleinerer Barteln am Unterkiefer. Die Weibchen haben oft etwas längere Oberkieferbarteln und einen höheren Schwanzstiel als die Männchen. Die Oberseite ist grünbraun bis grauschwarz und die Unterseite etwas heller gefärbt. An den Seiten befinden sich irreguläre dunklere Flecken, die oft auch bis auf die Unterseite reichen.

Verbreitung:
Der Europäische Wels kommt von Mittel- und Osteuropa bis Zentralasien vor (62-36° Nördlicher Breite).

Sein Verbreitungsgebiet erstreckt sich vom Rhein ostwärts (ausgenommen Ems und Weser) in den Zuflüssen der Ostsee (Elbe, Oder, Weichsel, Newa), des Schwarzen und Asowschen (Donau, Dnjepr, Don, Sakarya), Ägäischen (Vardar, Maritza, Struma) und Kaspischen Meeres (Sefid-Rud, Kura, Wolga, Ural, Gorgan, Atrek) bis zum Aralsee (Amudarja und Syrdarja).
Westlich seines natürlichen Verbreitungsgebietes wurde der Wels seit Mitte des 19. Jahrhunderts mit Erfolg in zahlreiche größere Gewässer in Europa eingebürgert, so z.B. ab den 1850er Jahren in Rhône und Loire in Frankreich, ab den 1950er Jahren im Po in Italien und ab den 1970er Jahren im Ebro in Spanien, wo er mittlerweile für die Sportfischerei von Bedeutung ist.

Lebensweise:
Er bevorzugt tiefe, ruhige bis langsam fließende Gewässer mit lehmigen bis schlammigen Untergrund und hält sich gern in Vertiefungen mit Totholz auf. Im Süden seines Verbreitungsgebietes (Dnjepr, Kura und Wolga) kommt er auch im Brackwasser vor. Dabei steigt er meist im April zum Laichen und im Oktober zum Überwintern in die Flüsse ein.
Die Geschlechtsreife wird bei den Männchen mit einem Alter von 3-4 Jahren und einem Gewicht von 3-6 kg, bei den Weibchen mit einem Alter von 4-5 Jahren und einem Gewicht von 4-8 kg erreicht, wobei beide Geschlechter eine Länge von 50-75 cm aufweisen.
Die Wanderung zu den Laichplätzen erfolgt meist, wenn die Wassertemperatur auf 17-18 °C steigt.
Die Laichzeit erstreckt sich, je nach Verbreitungsgebiet, von April bis August, wenn die Wassertemperatur in der Nacht nicht unter 20 °C fällt.
Der Wels laicht meist nahe des Ufers, wo besonders flache (Tiefe 40-60 cm) wärmere Plätze mit dichtem Pflanzenbewuchs oder Wurzelwerk bevorzugt werden. Das Männchen baut zur Laichzeit ein Nest aus Pflanzenteilen, die mit dem Maul zu einer Mulde gedrückt und durch lebhafte Bewegungen der Schwanzflosse von Schlamm gereinigt werden. Zur Laichabgabe, die meist in den Abendstunden erfolgt (am ehesten bei sinkendem Luftdruck vor einem Gewitter), schwimmen beide Geschlechter lebhaft dicht unter der Wasseroberfläche. Dabei treibt das Männchen das Weibchen um das Nest herum und stößt mit dem Maul gelegentlich gegen den Bauch des Weibchens und drängt dieses an die Wasseroberfläche. Gelangen sie bei diesem Laichspiel über das Nest, schwimmt das Männchen an die Seite des Weibchens und windet sich für kurze Zeit (etwa 10-12 Sekunden) um die Bauchpartie des Weibchens. Danach sinkt das Weibchen auf den

Boden des Nestes und legt die Eier ab, die am Untergrund festkleben und vom nachfolgenden Männchen befruchtet werden. Dieses Laichspiel und Ablaichen wiederholt sich in gewissen Abständen und kann sich über 1-2 Stunden erstrecken. Das Weibchen gibt pro Kilogramm Körpergewicht etwa 10.000-50.000 Eier ab. Nach der Befruchtung quellen die Eier mit einem Durchmesser von 1,5-2,5 mm auf 3,5-4,5 mm. Nach dem Laichen bleibt das Männchen in der Nähe des Nestes bis die Larven geschlüpft sind und fächert ihnen im Abstand von 3-5 Minuten mit der Schwanzflosse frisches Wasser zu.
Die Erbrütungsdauer beträgt, bei einer Wassertemperatur von 23-25 °C, 2-4 Tage. Die unpigmentierten, lichtempfindlichen, frisch geschlüpften 6-7 mm langen Larven beginnen erst nach 2-3 Tagen aktiv zu schwimmen. Nach rund 7 Tagen bei einer Größe von 10-12 mm beginnt die aktive Nahrungsaufnahme.
Die Nahrung besteht im ersten Jahr hauptsächlich aus Krebstieren (*Alona, Bosmina, Chydorus, Daphnia, Gammarus, Palaemon, Prokambarus*), Insekten (*Chironomus, Aeshna*), Würmern (*Tubifex*) und Schnecken (*Limnea, Valvata*). Ab dem zweiten Lebensjahr jedoch hauptsächlich aus Fischen (*Abramis, Alburnus, Atherina, Aspius, Barbus, Blicca, Carassius, Chalcalburnus, Capoeta, Caspiomyzon, Chondrostoma, Cobitis, Cyprinus, Gobio, Gymnocephalus, Leuciscus, Perca, Pungitius, Rhodeus, Rutilus, Sander, Scardinius, Silurus, Tinca, Pleuronectes*). Der Wels hat ein größeres Nahrungsspektrum als andere Raubfische, wobei eher kleinere Tiere (mit einer Länge von 10-30 cm) bevorzugt werden. Generell frisst er alle Fischarten, die er erreichen kann, wobei er gewisse Arten, wie Barsche, Kaulbarsche, Grundeln, Rotaugen, Brachsen, Karauschen und Schleien bevorzugt. Gelegentlich werden auch Amphibien (Frösche), Vögel (*Anas, Columba*) und Kleinsäuger (Mäuse, Ratten) gefressen.
In der unteren Donau besteht die Nahrung, je nach Jahreszeit, zu 50-70 % aus Fischen. In der unteren Kura machen kommerziell nicht geschätzte Süßwasserfische (*Scardinius*, *Tinca*, *Cobitis*, *Rhodeus*, *Pungitius*, *Atherina*, *Alburnus*, *Blicca*, *Capoeta, Caspiomyzon*) 40-60 %, kommerziell wertvolle Süßwasserfische (*Cyprinus*, *Abramis*, *Rutilus*, *Aspius*, *Sander*, *Chalcalburnus*, *Barbus, Chondrostoma, Silurus*) 20-30 %, Meeresfische (Clupeidae, Mugilidae, Gobiidae) 5-20 % und Krebstiere 15-25 % der Nahrung aus.
Die Nahrungsaufnahme ist im Sommer (August) am höchsten und im Winter (Januar) am geringsten. Im Wolgadelta werden während der Laichwanderung der Rotaugen (*Rutilus sp.*) innerhalb eines Monats 62-68 % der jährlichen Nahrung aufgenommen.

Die Verdauungsgeschwindigkeit hängt von der Wassertemperatur ab und beträgt bei 5 °C über 205 h, bei 10 °C etwa 85 h, bei 15 °C rund 50 h, bei 20 °C etwa 30 h und bei 25 °C rund 20 h. Der Futterquotient für Fischnahrung liegt bei etwa 5,5-6,5.
Er ist eher dämmerungsaktiv und meist ein Einzelgänger. Im Sommer kommt er beim Auftreten größerer Nährtiermengen auch in Gruppen und tagsüber vor. Im Winter kann man Welse an tiefen, schlammigen Stellen antreffen, wo sie sich oft in Gruppen zusammenrotten.
Die Männchen wachsen meist etwas schneller als die Weibchen, wobei die Weibchen höhere Endgewichte erlangen. In Fließgewässern und Stauseen erreicht der Wels im Durchschnitt im 6. Jahr 4-6 kg, im 8. Jahr 6-8 kg, im 10. Jahr 9-12 kg, im 12. Jahr 13-17 kg und im 15. Jahr 20-25 kg Körpergewicht.
Der Europäische Wels kann bis zu 5 m lang, 300 kg schwer und 80 Jahre alt werden. Die meisten Fische sind jedoch nicht größer als 1-2 m und 10-50 kg schwer.

Bedeutung:
In manchen Gewässern, wie im Unterlauf des Dnjepr, der Donau und der Wolga, ist der Wels von erheblicher fischereilicher Bedeutung. In den 1930er Jahren wurden am Kaspischen Meer jährlich durchschnittlich 4.200 t, am Schwarzen und Asowschen Meer rund 1.800 t und am Aralsee bis zu 1.500 t gefangen.
Der weltweite Gesamtfang aus der Fischerei betrug jährlich durchschnittlich in den 1950er Jahren 12.410 t, in den 1960er Jahren 11.230 t, in den 1970er Jahren 16.910 t, in den 1980er Jahren 14.590 t, in den 1990er Jahren 10.250 t, und in den 2000er Jahren 10.164 t (hauptsächlich UdSSR/GUS).
Die weltweite Gesamtproduktion in der Aquakultur stieg jährlich durchschnittlich von unter 90 t in den 1980er Jahren (hauptsächlich Frankreich und Ungarn), über 575 t in den 1990er Jahren (hauptsächlich Frankreich, Ungarn, Kroatien, Tschechei), auf 1.060 t in den 2000er Jahren (hauptsächlich Polen, Frankreich, Deutschland, Rumänien, Ungarn, Kroatien, Tschechei, Bulgarien). Der Anteil aus der Aquakultur an der Gesamtmenge wird derzeit in der EU auf ca. 50 % und in der GUS auf ca. 10 % geschätzt.
Das wohlschmeckende Fleisch wird frisch zubereitet, eingesalzen, getrocknet oder geräuchert. In einigen Regionen am Kaspischen Meer werden die Eier zu Kaviar verarbeitet, aus der Schwimmblase und den Knochen werden Leim oder Gelatine hergestellt und die Haut wird zu

Leder gegerbt. Vor unserer Zeitrechnung wurde das Fleisch und Fett des Welses auch zu Heilzwecken verwendet.

Weitere Arten:

Silurus aristotelis Agassiz, 1856 – kommt im Acheloos (Aspropotamos) und seinen Nebenflüssen und Seen im Einzugsgebiet des Ionischen Meeres in Griechenland vor.

Silurus asotus Linnaeus, 1758 – kommt im Amur, sowie Jangtse und Pearl Flusssystem in Russland und China, sowie in Taiwan, Korea und Japan (Honshu, Kyushu und Shikoku) vor.

Silurus biwaensis Tomoda, 1961 – kommt im Biwasee auf Honshu in Japan vor.

Silurus burmanensis Thant, 1967 – kommt im Inlé-See in Myanmar vor.

Silurus duanensis Hu, Lan et Zhang, 2004 – kommt in Duan in der Provinz Guangxi in Südchina vor.

Silurus grahami Regan, 1907 – kommt in Seen (Chien Kiung, Fuxian, Qilu) der Provinz Yunnan in Südchina vor.

Silurus lanzhouensis Chen, 1977 – kommt im Gelben Fluss (Huang He) in China vor.

Silurus lithophilus Tomoda, 1961 – kommt im Biwa- und Yogosee auf Honshu in Japan vor.

Silurus mento Regan, 1904 – kommt im Dianchi- und Yilong-See in der Provinz Yunnan in Südchina vor.

Silurus meridionalis Chen, 1977 – kommt im Jangtse in China vor.

Silurus soldatovi Nikolsky et Soin, 1948 – kommt im Amur in Russland und China und im Liao in China vor.

Silurus triostegus Heckel, 1843 – kommt in Euphrat und Tigris, die mit dem Karun und Karkheh über den Schatt al Arab in den Persischen Golf münden, in der Türkei, Syrien, Irak und Iran vor.

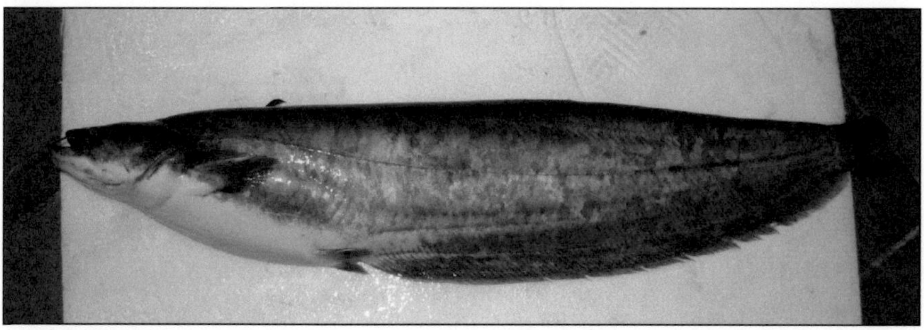

Silurus triostegus. (Foto: M. Mohammadi)

Wallago Bleeker, 1851

Wallago attu. (Foto: J.F. Helias)

Wallago attu Bloch et Schneider, 1801. **Gemeiner Hubschrauberwels**

Beschreibung:
Rückenflosse mit 4-6 Flossenstrahlen, Afterflosse mit 77-97 Flossenstrahlen, Brustflossen mit 1 Hart- und 12-15 Weichstrahlen, 24-30 Kiemenreusendornen, 18-21 Branchiostegalstrahlen, 68-69 Wirbel.
Der lang gestreckte Körper und der breite Kopf bzw. die Schnauze sind stark zusammengedrückt. Ein Paar Barteln am Oberkiefer, die bis zum Beginn der Afterflosse reichen und ein Paar Barteln am Unterkiefer, die bis zur Maulspalte reichen. Das weit gespaltene Maul ist mit Bändern zahlreicher, konischer Zähne ausgestattet.
Die Oberseite ist graubraun, die Seiten heller und der Bauch ist meist weiß gefärbt.

Verbreitung:
Der Gemeine Hubschrauberwels kommt in Asien in Seen und größeren Flüssen von Pakistan und Indien über Indochina bis Indonesien (Java und Sumatra) vor (38° Nördlicher bis 10° Südlicher Breite).

Lebensweise:
Er bevorzugt tiefe, ruhige bis langsam fließende Gewässer mit sandigen bis schlammigen Untergrund und hält sich gerne an bepflanzten Ufern auf. Er kann gelegentlich auch im Brackwasser vorkommen.
Zur Laichzeit und bei Hochwasser wandert er in kleinere Zuflüsse oder Überschwemmungsgebiete. Beim Rückgang des Wasserspiegels kehr er zurück in größere Flüsse, wo er sich in tieferen Pools zurückzieht.
Die Laichzeit erstreckt sich von Mai bis Oktober, vor der Regenzeit.
Die Laichabgabe erfolgt meist paarweise in der Nacht im flachen Wasser an überschwemmten Gräsern, woran die gelblichen 2-3 mm großen Eier festkleben. Die Eimenge beträgt 70.000-450.000 je Weibchen (ca. 92.000 St./kg Körpergewicht). Die Erbrütungsdauer beträgt bei einer Wassertemperatur von 29-30 °C etwa 15-16 Stunden. Die frisch geschlüpften 5-6 mm langen Larven beginnen nach etwa 2-3 Tagen bei einer Länge von 7-8 mm mit der aktiven Nahrungsaufnahme.
Die Nahrung besteht anfangs hauptsächlich aus Zooplankton (*Bosmina, Ceriodaphnia, Daphnia, Keratela, Limnocalanus, Moina, Neodiaptomus*) und Insekten, später meist aus anderen Krebsen (*Argulus*), sowie Weichtieren und vor allem aus Fischen (*Ambasis, Chela, Cirrhinus, Hemibagrus, Puntius, Stenocypris*). Gelegentlich werden auch 2-8 % Pflanzen und Detritus aufgenommen (*Anabaena, Anacystic, Closterium, Euglena, Navicula, Nostoc, Oscillaria, Spirulina, Spyrogyra, Vragillaria).*
Diese Art kann bis zu 2,4 m lang und 150 kg schwer werden. Die Durchschnittsgröße beträgt etwa 45-60 cm und 600-1000 g.

Bedeutung:
Wirtschaftlich ist diese Gattung sowohl für die Fischerei, als auch für die Aquakultur von Bedeutung. Der Fang erfolgt mit Stell-, Wurf- und Zugnetzen sowie Reusen. In einigen Ländern erfolgt der Fang auch mit Elektrofischereigeräten (Myanmar) oder sogar mit Sprengstoff (Kambodscha). Es sind auch beliebte Angelfische. Ende der 2000er Jahre wurden in Bangladesch etwa 1.190 t in der Aquakultur produziert.

Weitere Arten:
Wallago leerii Bleeker, 1851 – kommt von Malaysia bis Indonesien (Sumatra und Borneo) vor.
Wallago maculatus Inger et Chin, 1959 – kommt im Norden von Borneo (Sabah) in Malaysia vor.
Wallago micropogon Ng, 2004 – kommt im Menam (Chao Phraya) und Mekong vor.

Wallago leerii. (Foto: J. Jensen)

Wallago maculatus. (Foto: K. Martin-Smith)

Wallago micropogon. (Foto: N. Panitvong)

AQUAKULTUR

Vermehrung

LAICHFISCHHALTUNG:

Der Europäische Wels wird in Ungarn bereits seit Anfang des 20. Jahrhunderts in Teichen halb künstlich vermehrt und aufgezogen. Von dort breitete sich dessen Zucht auch in andere, vorwiegend osteuropäische, Länder aus.

Als Laichfische eignen sich am besten mindestens 4-8 Jahre alte und 4-12 kg schwere Welse, mit einer Länge von 75-125 cm. Die Laichfische werden aus natürlichen Gewässern (Seen und Flüssen) gefangen oder in künstlichen Gewässern (Teiche und Becken) aufgezogen.

Der Fang in natürlichen Gewässern, im Herbst oder Frühjahr, kann mit 100-200 m langen Zug- oder Stellnetzen (Maschenweite 80-120 mm), oder eventuell mit großen Flügelreusen erfolgen. Die gefangenen Welse werden gegen Außenparasiten behandelt und in Teichen gehalten. Die Haltung von Laichfischen in Teichen ist zuverlässiger und die Fische sind besser akklimatisiert. Für die Überwinterung werden die Welse in mindestens 2 m tiefen Teichen mit einer Fläche bis zu 1 ha (optimal 500-1.000 m^2) und schlammigem Boden gehalten. Die Besatzdichte beträgt etwa 10-50 Stück/ha in Polykultur mit Karpfen oder 100-500 Stück/ha in Monokultur. Als Nahrung werden Futterfische (Schleien, Rotaugen, etc.) mit einem Stückgewicht von 50-500 g dazu gesetzt, für die Überwinterung das 1-2-fache, im Frühjahr bis zur Laichzeit das 2-3-fache und für das restliche Jahr etwa das 3-5-fache Körpergewicht der Welse. Eine ausreichende Menge an Futterfischen ist neben der Beschaffenheit des Teiches (Boden), Ruhe und vorsichtiger Behandlung, maßgeblich für die Qualität der Geschlechtsprodukte. Eine Hungerperiode (vor allem im Frühjahr) wirkt sich negativ auf die Qualität und Quantität der Geschlechtsprodukte aus.

Die Laichfische werden – ab April – nach der Überwinterung am besten nach Geschlechtern getrennt, in kleineren Hälterteichen gehalten.

Da beim Wels oft Kiemensaugwürmer (*Ancylodiscoides sp.*) auftreten, werden die Laichfische im Frühjahr auch gleich dagegen behandelt. Dazu wird 10 g Kaliumbichromat und 25 ml Ammoniumhydroxid (25 %ig) in ein Liter Wasser aufgelöst und diese Lösung mit 100 l Wasser verdünnt, worin 8-12 Welspaare genau eine Minute lang gebadet werden. Alternativ kann 36 %iges Formalin (200-300 ml/m^3 für 1-2 h oder 20-30 ml/m^3 für 12-24 h) bzw. eine 5 %ige Kochsalzlösung für 1-2 Minuten eingesetzt werden.

GESCHLECHTSBESTIMMUNG:

Die Bestimmung des Geschlechts ist am besten im Frühjahr, kurz vor der Laichzeit, möglich. Dazu werden die Welse am Unterkiefer mit einer Hand gepackt und vorsichtig hochgehoben. Um Abschürfungen an der Hand zu vermeiden ist das Tragen von Handschuhen empfehlenswert. Das wichtigste sekundäre Geschlechtsmerkmal ist die Geschlechtspapille. Bei den Weibchen ist die Geschlechtspapille breit, eher oval mit stumpfer, hervortretender Spitze und selten pigmentiert. Unmittelbar vor der Laichzeit ist die Spitze rötlich gefärbt. Auch die Afteröffnung ist angeschwollen und mit Einkerbungen versehen. Bei den Männchen ist die Geschlechtspapille länglicher, flach und zugespitzt, leicht gerunzelt und meist grau pigmentiert. Die Afteröffnung ist schmaler und glatter. Weiteres ist der Bauch der Weibchen (wie übrigens bei den meisten Fischarten) durch die Eier stärker gewölbt und weicher als bei den Männchen und die Geschlechtsöffnung selbst größer. Außerdem ist bei den Männchen an der Oberseite der Brustflosse ein leichter Laichausschlag fühlbar und der Hartstrahl meist kräftiger und länger als bei den Weibchen. Bei gleichem Alter sind die Männchen meist etwas länger und schlanker als die Weibchen. Weiteres kann bei den Weibchen ein kleiner PVC-Schlauch mit etwa 3 mm Durchmesser vorsichtig in die Geschlechtsöffnung geschoben werden und durch diesen einige Eier abgesaugt werden. An den Eiern kann anschließend der Reifegrad ermittelt werden. Welse bei denen einmal das Geschlecht festgestellt wurde, können auch markiert werden.

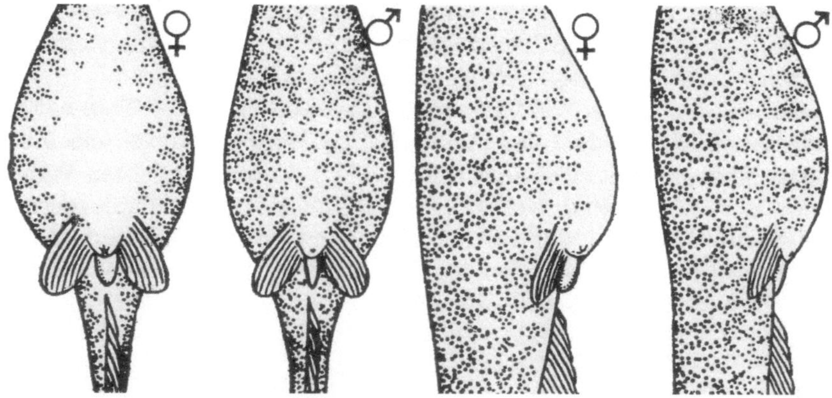

Unterscheidungsmerkmale der Geschlechter. (Nach: Tölg et al., 1981)

EIGEWINNUNG:

Für das halb künstliche Ablaichen der Welse ist ein Teich optimal der nicht mit Wasserpflanzen bewachsen ist. Gut geeignet sind Hälter- oder Streckteiche mit einer Fläche von 100-3.000 m^2. Je Teich bzw. 500 m^2 Teichfläche werden am besten nur 1-2 Laichpaare, von möglichst gleicher Größe, ausgesetzt. Für das eigentliche Ablaichen sind künstliche "Nester“ anzufertigen (siehe Abb.). Solche Nester bestehen aus 3-6 Holzstangen mit einer Länge von 1,2-1,5 m, die vorzugsweise zu einer Pyramide oder eventuell Dachform in einem Winkel von 50-60 Grad zusammengestellt werden, deren Basis eine Breite von 60-80 cm hat. Oben werden die Stangen zusammengebunden und im mittleren Teil erhält das Gerüst Querlatten. Auf dem Gerüst werden am besten feine, frische (rötliche) Weidenwurzeln dicht nebeneinander befestigt, wobei die Wurzelspitzen einen Abstand von 30-50 cm vom Boden haben sollten. Alternativ können auch Zweige von Nadelbäumen (Fichte, Tanne) oder künstliches Material verwendet werden. Am Boden des Nestes kann eine Flecht- oder Schilfmatte eingebracht werden, an der in größeren Nestern eventuell auch Wurzeln bzw. Zweige befestigt werden. Um die Stabilität des Nestes während des Laichspiels zu sichern, wird jede Stange an einem Pflock befestigt der im Teichboden verankert ist. Je Laichpaar wird mindestens ein Nest unmittelbar vor dem Bespannen des Teiches und Aussetzen der Laichfische oder kurz vor dem Ablaichen, am besten an ruhigen Stellen entlang des Ufers in der Nähe des Ein- oder Ablaufs aufgestellt. Die einzelnen Nester sollten mindestens 5-6 m voneinander und am besten 2 m vom Ufer entfernt sein. Der Wasserstand bei den Nestern sollte etwa 80-120 cm betragen. Der Wasserzulauf sollte 1-2 l/s je 1.000 m^2 Teichfläche betragen, was zusätzlich zum Ablaichen stimuliert. Die Laichwelse werden am besten erst ausgesetzt, wenn die Wassertemperatur auf 20-22 °C gestiegen ist und die Tages- und Nachttemperaturen an drei aufeinander folgenden Tagen einen Unterschied von höchstens 4-6 °C aufweisen. In unseren Breitengraden ist dies meist im Juni, zur Zeit der Holunder-, Akazien- und Robinienblüte. Erfolgt das Ablaichen, welches meist in den späten Abend- oder frühen Morgenstunden stattfindet, nicht innerhalb einer Woche, so müssen die Nester von Schlamm gereinigt und eventuell erneut vorbereitet werden. Da die Eier im Morulastadium (10-15 Stunden nach der Befruchtung) besonders empfindlich sind, werden die belegten Nester oder Zweige gleich am nächsten Vormittag nach dem Ablaichen in andere Teiche, Becken oder Gehege umgesetzt oder alternativ die Laichfische entfernt und die Brut darin aufgezogen.

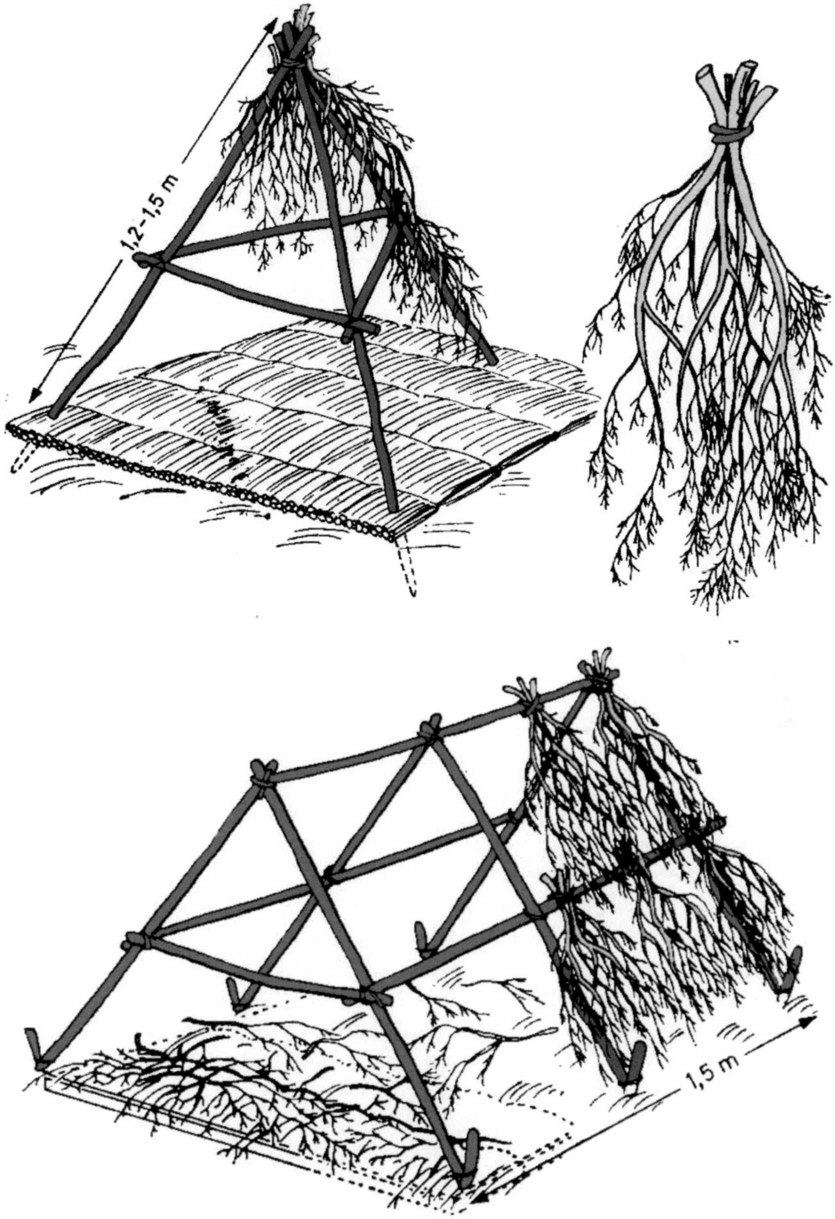

Laichnester für Welse. (Nach: Tölg et al., 1981)

Für die künstliche Vermehrung werden die Laichfische bei einer konstanten Wassertemperatur von 22-24 °C in gut abgedeckten Becken gehalten und, wie auch bei unsicherer Wetterlage, hypophysiert. Da sich die Welse zur Laichzeit gegenseitig anbeißen und so stark verletzen, müssen die Laichfische am besten einzeln getrennt in Becken, Abteilen oder Gehegen gehalten werden. Um das gegenseitige Anbeißen während der engen Haltung zu vermeiden, kann alternativ den Laichfischen das Maul zusammengebunden werden. Dazu werden die Fische betäubt, die (Ober- und Unter-) Kiefer an der Spitze mit einer Bohrmaschine einmal durchbohrt und mit einer stumpfen Nylonschnur nicht allzu fest verbunden. In betäubten Zustand (gleich nach dem Zusammennähen der Kiefer) werden die Fische auch hypophysiert.

Durch die Hypophysierung kommt es zum Ansteigen des Gonadotropingehalts im Blut und in der Folge zu einer irreversiblen Reifung und einer Loslösung der Eier im Eierstock (Ovulation), die normalerweise erst kurz vor dem Laichvorgang einsetzt. Zur Hypophysierung eignen sich Hypophysen (Hirnanhangsdrüsen) von Karpfen, Brachsen, Welsen oder anderen Fischen oder auch künstliche Hormonanaloge (GnRH, LHRH), vorzugsweise mit einem Dopamin-Gegenspieler (Domperidon oder Pimozid).

Frische, kurz vor der Laichzeit gewonnene Hypophysen werden zweimal (12 Stunden) in Aceton (1:10) eingelegt, entfettet, entwässert und anschließend auf Filterpapier bei 20 °C getrocknet. Sie sind so, lichtgeschützt und trocken aufbewahrt, auch über Jahre haltbar, allerdings verringert sich die Wirksamkeit langsam (in 8 Jahren etwa auf die Hälfte). Die getrockneten Hypophysen werden in einer Reibschale (Mörser) fein zermahlen, mit 1-2 ml physiologischer Salzlösung (0,7-0,9 %) aufgeschwemmt und in eine Injektionsspritze aufgezogen. Die Injektion erfolgt auf einmal intramuskulär im Rücken auf etwa 1/3 der Körperlänge hinter dem Kopf. Die Kanüle wird im 45° Winkel in den Muskel gestochen, um mehr Muskelmasse zur Verfügung zu haben. Beim Zurückziehen der Nadel wird ein Finger auf die Einstichstelle gedrückt, und nach Entfernen der Nadel leicht massiert. Sofern die Fische nicht betäubt sind, ist es von Vorteil, den Kopf des Welses mit einem feuchten Tuch zu bedecken damit er ruhiger ist. Die Hypophysenmenge wird immer frisch zubereitet, da die Hormone bei Raumtemperatur nur ca. 1 h wirksam bleiben. Bei Hypophysen werden 4-5 mg/kg Körpergewicht für beide Geschlechter verwendet. Bei künstlichen Hormonanalogen (GnRH, LHRH) beträgt die Dosis 10-20 µg/kg Körpergewicht sowie eventuell Domperidon oder Pimozid in einer Dosis von 5-10 mg/kg Körpergewicht, ebenfalls für beide Geschlechter.

Die Ovulation erfolgt etwa 20-24 Stunden nach der Hypophysierung (bei Karpfenhypophysen 480-520 Stundengrade bei 24 °C bzw. 600-670 Stundengrade bei 20 °C und bei GnRH 700-760 Stundengrade bei 23-24°C), daher sollte sie so gewählt werden, dass diese beim Ablaichen in die Abendstunden bzw. beim Abstreifen in die Morgenstunden fällt. Die Fische laichen dann in Becken oder Teichen problemlos ab. Für das Ablaichen in Becken werden etwa 1 m^2 Laichbürsten eingebracht, die auf einen Rahmen gespannt sind.

Auch das Abstreifen der Welse ist dann möglich, wobei die Fische betäubt werden müssen, damit sich der Muskel um das Oviduct entspannt. Für die Betäubung eignet sich Eugénol-Methoxyphenol (Nelkenöl) oder Tricaine-Methansulphonat (MS-222). Die verwendete Dosis beträgt ca. 0,05 ml Nelkenöl oder 0,10 g MS-222 je Liter Wasser, mit einer Wirkzeit von etwa 5-10 Minuten. Die Anwendung erfolgt als Bad mit Belüftung. Die Fische erholen sich nach der Verbringung in Frischwasser rasch wieder.

Die Eier werden mit mäßigem bis starkem Druck auf den Bauch vor der Geschlechtsöffnung abgestreift (siehe Abb.). Etwa 70-90 % der Eier, rund 5-15 % der Körpermasse (ca. 10.000-50.000 Stück/kg Körpergewicht) können so gewonnen werden.

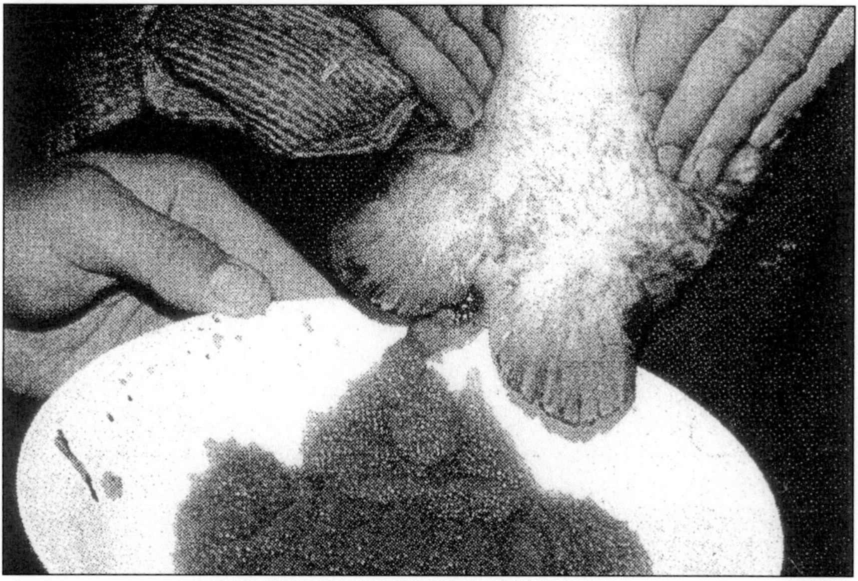

Abstreifen eines Welses (Rogner). (Foto: H. Jähnichen)

Das Sperma wird - am besten kurz vor der Eientnahme - ebenfalls abgestreift oder mit einer Pipette vorsichtig abgesaugt. Bei einmaligem Abstrich beträgt die Anzahl der Spermatozoa zwischen 0,1 bis 14,5 x 10^9 je Kilogramm Körpergewicht. Da die Männchen oft nur wenig Milliliter Sperma auf einmal abgeben und oft viel Urin beigemengt ist, kann auch ein Teil des Hodens entnommen und durch ein Tuch oder Sieb gepresst werden. Dazu wird die Bauchhöhle des betäubten Männchens, durch einen kleinen Schnitt geöffnet, welche anschließend wieder vernäht und desinfiziert wird. Die Prozedur überleben 80-90 % der Männchen und diese können im kommenden Jahr wieder als Laichfische verwendet werden. Besser ist es allerdings die Fische gleich zu töten und anschließend einer Verwertung zuzuführen.

Sollen die Welse nächste Saison wieder als Laichfische verwendet werden, so kommen sie sofort nach der Vermehrung wieder in die Teiche. Die Verluste bei Laichfischen betragen normalerweise um 5 %.

Für die Befruchtung werden die trocken gewonnenen Geschlechtsprodukte gleichzeitig unter vorsichtigem Mischen mit einer Befruchtungslösung in einer flachen Schüssel für ca. 10 Sekunden vermischt und anschließend für 2 Minuten stehen gelassen. Die Befruchtungslösung besteht aus 2-3 g Kochsalz je Liter Wasser. Etwa 10-20 ml Sperma und 200-400 ml Befruchtungslösung werden je Kilogramm Eier verwendet.

Die Bewegungsdauer der Spermatozoa ist kurz und beträgt nur etwa 1-2 Minuten. In einer Immobilisierungslösung aus 8 g NaCl, 5 g KCl und 10 g Glycin kann das Sperma 2:1 bei einer Temperatur von 4-5 °C bis zu 2 Wochen gelagert werden, wobei jedoch die Befruchtungsrate um etwa 25 % schlechter ist als bei frischem Sperma.

Die Oberfläche des Welseies hat punktförmige Erhebungen. Dabei handelt es sich um Poren der Eihaut, die von flockig-granularem Material umgeben sind. Die Eihaut besteht aus zwei Schichten, wobei die äußere flexibel, gallertartig und sehr klebrig ist. Etwa 5-15 Minuten nach der Befruchtung werden die Eier daher 1:10 in einer Lösung geschwenkt und somit entklebt, anschließend in sauberem Wasser gespült und, möglichst nach Weibchen getrennt, erbrütet. Als Entklebungslösung eignen sich: Alkaline-Protease (0,5 g/l Wasser für 4-5 Minuten), eine Tannin-Lösung (0,1 g/l Wasser für 30 Sekunden), eine Milch-Lösung (Magermilchpulver 15 g/l Wasser für 10-20 Minuten) oder eine Lehm-Suspension (150 g trockener Lehm/l Wasser für 10-20 Minuten).

Ein Kilogramm Eier sind ungequollen ca. 180.000-220.000 Stück (á 1,5-2,0 mm Ø) und gequollen ca. 30.000-50.000 Stück (á 3,0-4,0 mm Ø).

ERBRÜTUNG:

Für die Erbrütung werden vor allem Zugergläser, immer häufiger jedoch auch MacDonald-Gläser verwendet, in denen die Eier von unten mittels Wasserströmung (1,0-2,0 l/min bis vor den Schlupf und 0,1-0,2 l/min beim Schlupf) in ständiger leichter Bewegung gehalten werden. Die Rotation der (0,1-0,2 l ungequollener bzw. 1,0-2,0 l gequollener) Eier ist in MacDonald-Gläsern besser und gleichmäßiger als in Zugergläsern, gleichzeitig wird weniger Wasserdurchfluss benötigt. Alternativ können die Eier auch in Siebeinsätzen erbrütet werden, wobei sie nicht entklebt und einlagig gut verteilt werden. Nach der Befruchtung quellen die Eier stark auf und zwar um das 7-10-fache ihres ursprünglichen Volumens.
Zur Vorbeugung gegen Pilzbefall (*Saprolegnia, Achlya*) wurde früher oft Malachitgrünoxalat verwendet, welches vom 2. Tag nach der Befruchtung bis zum Schlupf, 2-4-mal täglich in einer Dosis von 0,5 bzw. 5,0 ppm für 50 bzw. 5 Minuten als Durchflussbad eingesetzt wurde. Da Malachitgrün in Verdacht steht, Krebs zu begünstigen, ist die Anwendung bei Fischen, die später eventuell für den menschlichen Verzehr verwendet werden könnten, in vielen Ländern inzwischen verboten. Zur Vorbeugung kann daher statt Malachitgrün auch Formalin (10 ppm für 10 Minuten) oder Peressigsäure (25 ppm für 30 Minuten) verwendet werden. Organische Wasserbelastung begünstigt die Entwicklung von Saprolegnia, saures und kalkarmes Wasser dagegen hemmt die Verpilzung. Durch UV-Bestrahlung in einer Dosis von 50 mJ/cm^2 kann das Erbrütungswasser auch desinfiziert werden.
Die Erbrütung muss bei einer Wassertemperatur von über 15 °C erfolgen, denn sonst sterben die Embryonen ab. Als Optimaltemperatur gelten 22-24 °C. Die Erbrütungsdauer beträgt etwa 50-70 Tagesgrade bzw. bei einer Wassertemperatur von 22-24 °C etwa 2,5-3,0 Tage. Die Dauer des Larvenstadiums beträgt etwa weitere 70-100 Tagesgrade.
Vor dem Schlupf bewegt sich der Embryo im Ei recht intensiv. Haben sich die Larven durch die Bewegungen von den Eihüllen befreit, versucht sie sich an irgendeiner Fläche anzuheften, was ihnen in den Erbrütungsgläsern allerdings nicht gelingt. Da die frischgeschlüpften Larven nicht mit der Strömung abschwimmen, werden sie mit einem kleinen Schlauch 2-4-mal täglich vorsichtig abgesaugt und in Siebrahmen (Maschenweite 0,5 mm, Besatzdichte 100-300 St./l) oder Becken zur weiteren Aufzucht überführt. Der Wasserdurchfluss beträgt nun 2-4 l/min je 10.000-20.000 Larven. Die Befruchtungsrate beträgt meist 70-90 % bzw. die Schlupfrate 60-80 % und die Erbrütungsverluste vom Ei bis zum fressfähigen Brütling durchschnittlich etwa 40-60 %.

Zugergläser für die Eierbrütung. (Foto: M. Hochleithner)

Die Brütlinge sind bis zur aktiven Nahrungsaufnahme sehr lichtempfindlich und frischgeschlüpft sterben sie in direktem Sonnenlicht ab. Der Europäische Wels bleibt allerdings sein ganzes Leben lang lichtscheu, daher sind die Becken stets gut abzudunkeln.

Die etwa 6-7 mm langen hellgelben frischgeschlüpften Larven sind sehr empfindlich und kaum schwimmfähig. Etwa 2-3 Tage nach dem Schlupf beginnt die graue Pigmentierung und die Dottersacklarven bevorzugen nun dunkle Stellen. Anschließend, nach 4-5 Tagen, bei einer Länge von etwa 8-10 mm beginnen sie sich aktiv zu bewegen und schwimmen schräg zur Wasseroberfläche, wo die Luftblase gefüllt wird. Nach 6-7 Tagen, mit einer Länge von rund 10-12 mm, beginnt die Kiemenatmung, sowie die aktive Nahrungsaufnahme. Ab diesem Stadium gelten sie als Prelarven und sehen kleinen Kaulquappen ähnlich. Etwa 10 Tage nach dem Schlupf entwickeln sich an den Oberkieferbarteln die Geschmackspapillen und Tastrezeptoren, außerdem beginnt sich das Ende der Wirbelsäule (Urostyl) nach oben zu biegen. Ab diesem Stadium gelten sie als Postlarven. Etwa 20 Tage nach dem Schlupf bei einer Größe von 20-40 mm entwickeln sich die Rücken- und Bauchflossen und die Metamorphose wird abgeschlossen (siehe auch Anhang). Ab diesem Stadium sehen die juvenilen Fische den adulten Fischen sehr ähnlich.

Aufzucht

ANFÜTTERUNG:

Zur Anfütterung eignen sich kleinere Rund- (1-2 m Durchmesser) oder Langstrombecken (0,3-0,9 x 2-4 m) aus Polyester oder Beton mit einer Wassertiefe von 20-50 cm, und einem Volumen bis zu 1 m^3 sehr gut. Die Besatzdichte beträgt 10.000-50.000 Stück Welsbrütlinge je Kubikmeter und der Wasserzulauf etwa 10-50 l/min/m^3.
Mit der Anfütterung sollte etwa 3-5 Tage nach dem Schlupf, noch bevor der Dottersack restlos aufgezehrt ist, begonnen werden. Wird bei einer Wassertemperatur von 20-25 °C 4-8 Tage später mit dem Anfüttern begonnen, so können sich die Brütlinge nicht mehr an die Nahrung adaptieren. Als Nahrung werden anfangs Zooplankton (*Alona, Daphnia, Moina*) oder zerschnittene Schlammröhrenwürmer (*Tubifex*) in einer Größe von 0,2-0,5 mm verwendet. Nach 2-4 Wochen bei einem Gewicht von 0,5-1,0 g kann auch kleine Fischbrut verfüttert werden, oder es wird langsam (innerhalb von 3-7 Tage) auf Trockenfutter umgestellt. Um die Probleme mit der Umstellung und der Grießkörnchenerkrankung (Ichthyophthiriose) zu verringern, empfiehlt es sich allerdings gleich von Anfang an Trockenfutter (für Salmoniden) zu verwenden. Die Größe des Trockenfutters kann in der 1. Woche 0,2-0,3 mm, in der 2. Woche 0,3-0,5 mm, in der 3. Woche 0,4-0,7 mm, in der 4. Woche 0,6-1,0 mm, in der 5. Woche (bzw. ab 1 g) 0,8-1,3 mm und ab der 6. Woche 1,5-2,5 mm betragen. Die Fütterung mit Trockenfutter (in den ersten Wochen etwa 5-7 %/Tag) erfolgt am besten mit Futterautomaten über 12-24 Stunden/Tag, wobei die Fütterungspausen höchstens eine Stunde betragen sollten. Der Futterquotient (FQ) beträgt bei der Verfütterung von Schlammröhrenwürmern etwa 10-12 und bei Trockenfutter (mit 42-46 % Rohprotein und 10 % Rohfett) rund 1,0-1,4. Die Verluste betragen etwa 10-30 % beim Vorstrecken und 30-70 % bis zum Einsömmerigen.
Die Becken werden mindestens 1-2-mal täglich von Exkrementen und toten Fischen gereinigt. Gegen einzellige Außenparasiten wird, vor allem während der ersten Monate, am besten täglich behandelt (z.B.: 36 %iges Formalin in einer Dosis von 100-300 ml/m^3 als Durchflussbad).
Wachsen die Welse zu stark auseinander, so muss vor allem während der ersten Monate alle 2-4 Wochen in 2-3 Größenklassen sortiert werden. Nach jeder Sortierung wird auch die Besatzdichte um etwa die Hälfte verringert bzw. die Welse auf mehrere Becken aufgeteilt.
Bei optimaler Temperatur erreicht der Wels in 4 Monaten ein Gewicht von rund 0,1-0,2 kg und in 12 Monaten ein Gewicht von etwa 1-2 kg.

Wachstumsraten des Europäischen Welses (*S. glanis*)
in Abhängigkeit von Stückmasse und Wassertemperatur:
(Nach: Jungwirth, 1986)

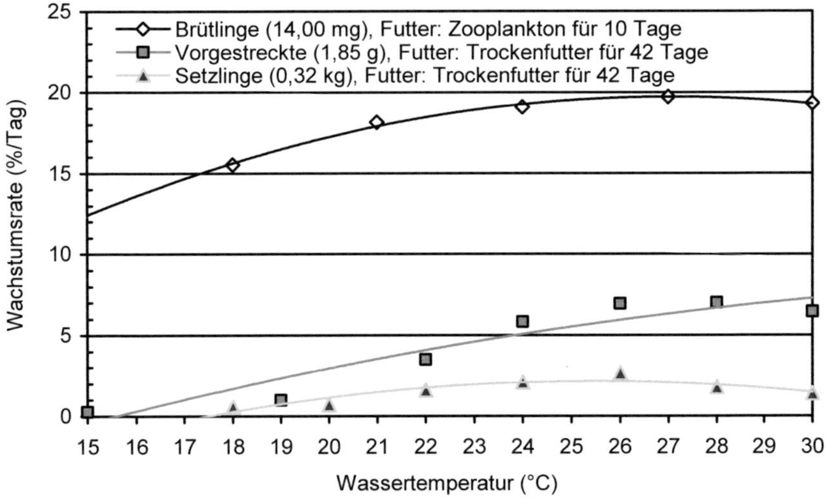

Mortalitätsraten bei der Umstellung von Lebend- auf Trockenfutter
in Abhängigkeit von Stückmasse und Umstellungsmodus:
(Nach: Jungwirth, 1986)

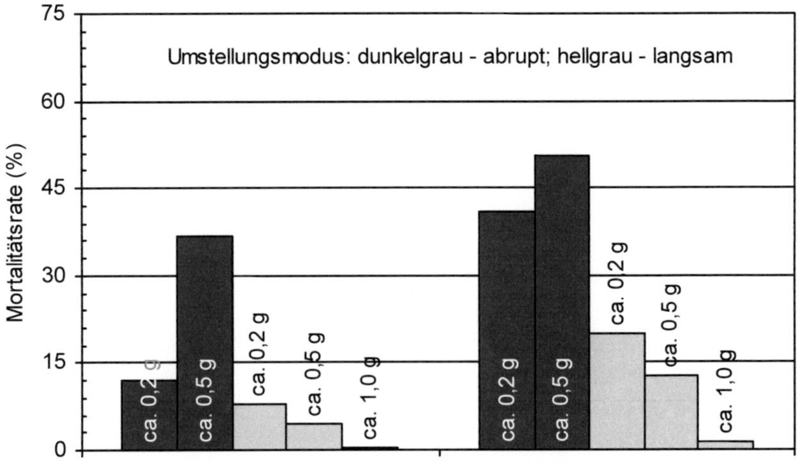

Kunststoffbecken für die Anfütterung mit Lebendfutter. (Foto: M. Hochleithner)

Naturteich für die Aufzucht mit Trockenfutter. (Foto: M. Hochleithner)

TEICHWIRTSCHAFT:

Für die Welsproduktion eignen sich vor allem kleinere bis mittlere Teiche (bis zu 2 ha), die bei intensivem Besatz eine gesicherte Wasserversorgung haben sollten (andernfalls ist eventuell eine Belüftung notwendig). Die Teiche werden für das Vorstrecken entsprechend vorbereitet (Trockenlegung, Gründüngung) und erst kurz vor dem Besatz eingestaut. Notfalls genügt eine Trockenlegung der Teiche von mindestens 1 Monat vor dem Einstauen und die Ausbringung von organischem Dünger (Stallmist oder Gülle) auf dem unbespannten Teichboden. Eine Grundkalkung mit 1 t/ha Kalkmergel auf trockenem Boden ist bei nährstoffarmen Teichen empfehlenswert und bei saurem Wasser (Alkalinität <1,0 mval, pH-Wert <6,5) erforderlich. Bei nährstoffarmen, sauren Zuflüssen ist auch eventuell eine Portions-kalkung während der Saison nötig.
Bei einer Größe von 2-3 cm können die jungen Welse bereits Fischbrut fressen, bei Nahrungsmangel tritt daher oft Kannibalismus ein. Daher werden am besten zeitgleich, jedoch maximal im Abstand von 2 Wochen vom Besatz der Welse in die Teiche auch möglichst gleich alte Cypriniden (Rotaugen, Schleien, Brachsen, Karauschen) eingesetzt. Karpfen eignen sich nicht so gut, da sie schnell zu groß werden.
Da Welse besonders stark auf Wasserströmung reagieren und bestrebt sind, in der Nacht aus dem Teich abzuwandern, sind die Zu- und Abflussvorrichtungen mit einem Sieb oder Gitter entsprechend abzusichern. Bei der Abfischung ist das Wasser sehr langsam abzulassen, da sich die jungen Welse sonst unter Pflanzen oder in Vertiefungen verstecken, wo sie schwer abfischbar sind.
Für eine erfolgreiche Überwinterung sollten die Welse ein Stückgewicht von mindestens 25-30 g haben, etwa 20.000 Stück einsömmrige Welse können je Hektar besetzt werden. Damit die größeren Welse nicht die kleineren Geschwister fressen, sollten die Welse außerdem in etwa die gleiche Größe haben, gegebenenfalls können auch Futterfische entsprechender Größe dazugesetzt werden.

Produktionsergebnisse für Welse (*S. glanis*) in Naturteichen
in Abhängigkeit von Methode und Fütterung:
(Nach: Jungwirth, 1986)

Methode	Besatz	Mortalität	Ertrag
Monokultur - Trockenfutter	36.000 St./ha á 125 mg	46,0 %	622 kg/ha á 32 g
Monokultur - Naturfutter	29.000 St./ha á 220 mg	77,6 %	118 kg/ha á 19 g
Bikultur - Trockenfutter	7.000 St./ha á 460 mg	26,6 %	190 kg/ha á 39 g

Im ersten Jahr werden in die Vorstreckteiche je Hektar 10.000-40.000 Stück fressfähige Welse in Mono- bzw. besser 5.000-10.000 Stück fressfähige Welse in Bikultur mit 4-8-mal so vielen gleich alten Schleien oder Karpfen besetzt und im Herbst etwa 20-70 % davon (rund 100-200 kg/ha), mit einem Stückgewicht von 10-90 g abgefischt. Dabei werden etwa noch einmal so viele Beifische abgefischt. Beim Besatz mit Vorgestreckten beträgt die Besatzdichte etwa die Hälfte vom Brutbesatz, eine Zufütterung ist im ersten Jahr nicht notwendig. Zum Vorstrecken werden am besten 50.000-100.000 Stück fressfähige Welse je Hektar in Monokultur besetzt und nach etwa einem Monat rund 40-60 % davon mit einer Länge von 4-6 cm abgefischt.
Im zweiten Jahr werden in die Streckteiche je Hektar 2.000-10.000 Stück einsömmerige Welse (100-200 kg/ha) in Mono- bzw. 1.000-5.000 Stück einsömmerige Welse in Bikultur mit 1-2-mal so vielen gleich alten Schleien oder Karpfen besetzt und im Herbst etwa 60-90 % davon, mit einem Stückgewicht von 100-1.000 g abgefischt. Dabei können bei hohen Besatzdichten und Zufütterung mit Trockenfutter ohne technische Belüftung, Gesamterträge bis über 2 t/ha erreicht werden, wobei auf die Welse etwa 10-50 % entfällt.
Im dritten Jahr werden in die Abwachsteiche je Hektar 1.000-2.000 Stück zweisömmerige Welse (200-400 kg/ha) in Monokultur bzw. besser 500-1.000 Stück zweisömmerige Welse in Bikultur mit 1-2-mal so vielen gleich alten Schleien oder Karpfen besetzt und im Herbst etwa 90-100 % davon, mit einem Stückgewicht von 1.000-2.000 g abgefischt. Dabei können bei hohen Besatzdichten und Zufütterung mit Trockenfutter ohne technische Belüftung, Gesamterträge bis über 2 t/ha erreicht werden, wobei auf die Welse etwa 30-70 % entfällt.
Bei einer zu geringen Größe bzw. größer benötigten Marktgröße können die Welse bei ähnlichen Besatzdichten noch ein weiteres Jahr in die Teiche ausgesetzt werden, wobei sie dann mit einem Stückgewicht von 2.000-3.500 g abgefischt werden. Eine Monokultur von älteren und größeren Welsen ist in Teichen nicht empfehlenswert, da es durch das Fehlen von Zooplanktonprädatoren zu Massenentwicklungen von größerem Zooplankton kommt, welches das Phytoplankton stark reduziert und damit im Sommer Sauerstoffmangelsituationen eintreten können und die Sichttiefen erhöht werden, wodurch die Welse die Futteraufnahme am Tag stark einschränken. Eine Polykultur mit 1-2-mal so viel gleich alten oder älteren Schleien oder Karpfen, sowie eventuell Grasfischen, um das Zuwachsen mit Wasserpflanzen zu reduzieren, ist jedoch möglich.

Tägliche Zufütterungsrate mit Trockenfutter

in Abhängigkeit von der Wassertemperatur:

(Nach: Füllner et Pfeifer, 1998)

Temperatur °C	< 17 °C	17-20 °C	> 20 °C	Pellet	FQ
1- auf 2-sömmerig	2-3 %	3-4 %	4-5 %	2-3 mm	1,0-1,4
2- auf 3-sömmerig	1-2 %	2-3 %	3-4 %	3-5 mm	1,5-2,0

Bei der Zufütterung von Trockenfutter (mit 40-45 % Rohprotein und 10-14 % Rohfett) sollte der Bereich um die Futterautomaten mit einer Schattiermatte gut abgedeckt werden, um den lichtscheuen Welsen Unterstandsmöglichkeiten zu bieten.

Ab dem zweiten Lebensjahr sind Welse sehr robuste Fische, die ähnlich unempfindlich gegen Sauerstoffdefizite, Krankheiten, Abfischstress und Manipulationen sind wie Karpfen. Der Wels passt daher hervorragend als Polykulturpartner in Karpfenteiche, lässt sich aber auch unter intensiver Haltung sehr gut aufziehen. Da in Karpfenteichen selbst bei hoher Produktion oft auch beträchtliche Mengen (im Durchschnitt etwa 1-3 %) an unerwünschten Wildfischen (Weißfische, Barsche, Stichlinge etc.) vorkommen, eignet sich der Wels besonders als Nebenfisch. Allerdings schließt eine Vorzugs- oder Monokultur mit Welsen nicht aus, dass sich auch Wildfische (teilweise bis über 100 kg/ha) entwickeln. Am ehesten wird das Wildfischaufkommen durch Welse (bei Pelletfütterung) im zweiten Zuchtjahr dezimiert.

Bei einem Welsbestand bis zu 100 kg/ha entstehen - ohne Zufütterung - in der Polykultur mit gleichalten bzw. gleichschweren Fischen (Karpfen, Schleien, Grasfische etc.) durch den Wels keine erhöhten Verluste bei den anderen Fischarten. Bei höherem Welsbestand steigen jedoch auch die Fraßverluste bei den anderen Fischarten (bei zwei- auf dreisömmerigen Karpfen) von unter 15 % bei 150 kg/ha und 20-25 % bei 200 kg/ha auf über 30 % bei 300 kg/ha. Unter extensiver Aufzucht in Naturteichen in Polykultur mit anderen Fischen beträgt der Welsertrag meist 10-30 kg/ha (etwa 10 % des Gesamtertrages).

Besatzrichtwerte für Welse (*S. glanis*)

als Nebenfische in Karpfenteichen:

(Nach: Füllner et Pfeifer, 1998; Horváth, 1976; Tölg et al., 1981)

Produktion/Sömmrig	0-1	1-2	2-3
Besatz kg/ha	1-5	5-15	15-50
Überlebensrate %	30-50	60-80	70-90
Abfischung kg/ha	3-25	25-50	50-100

NETZGEHEGE:

Nach dem Anfüttern kann die weitere Aufzucht auch gut in Netzgehegen aus Metall oder Kunststoff in wärmeren Teichen oder Seen erfolgen. Der Vorteil der Netzgehege sind vor allem die geringen Investitions- und Betriebskosten, sowie die schnelle Errichtung. Die Nachteile liegen bei der Gewässerbelastung durch Ausscheidungsprodukte, einer umweltabhängigen Produktion, sowie der nur bedingten Beeinflussung des Verlustgeschehens.

Die Netzgehege haben vorzugsweise eine Größe von 5 x 5 bis 10 x 10 Meter und eine Tiefe von 2-5 Meter. In natürlichen Gewässern mit flachem Epilimnion sollte die Netztiefe nicht mehr als 2-3 m betragen, damit sich die Fische stets in der warmen, sauerstoffreichen Oberflächenschicht aufhalten. Zwischen Netzboden und Gewässergrund sollte ein Abstand von mindestens 1 m bestehen. Mehrere solcher Netzgehege sind meist paarweise zu einer Anlage zusammengeschlossen. Zum einfachen, sicheren Arbeiten sollte sich rundherum ein mindestens 1 Meter breiter Arbeitssteg befinden. Besonders bewährt haben sich Netze aus Polymerummanteltem Polyester, die auch jahrelangem Dauereinsatz standhalten und weniger stark veralgen. Dabei entfällt auch die Beschwerung der Netze und sie verformen sich weniger bei stärkerer Strömung als Netze aus Polyamid. Die Maschenweite in mm sollte etwa der Fischlänge in cm entsprechen. Die Verankerung kann mit Ankersteinen oder Pflugscharankern mit Schäkel und mindestens 5 m Kette, Boje, sowie Verankerungsseil (2-5 Mal so lang wie die Stelle tief ist) erfolgen. Alle Seile sollten UV-beständig sein (Polyethylen), und zur Sicherheit sollte die Belastung nur 1/4 der Bruchlast betragen. Gelegentlich befindet sich auch eine schwimmende Serviceplattform (für Futter, Sortierung usw.) an der Gehegeanlage.

Die Netzgehege werden mit vorgestreckten oder besser einjährigen Fischen besetzt, die bereits gut Trockenfutter aufnehmen. Die Produktionsdauer erstreckt sich meist nur über das Sommerhalbjahr, es sei denn, es steht Warmwasser von Kraftwerken oder Industrieanlagen zur Verfügung. Die Besatzdichte in den Gehegen kann je nach Wasseraustauschrate bis zu 50 kg/m³ betragen. Die Fütterung erfolgt dabei ausschließlich mit Trockenmischfutter. Um eine zu starke Eutrophierung und die Ansammlung von Futterresten und Kotpartikeln unter den Gehegen zu vermindern, kann ein Trichter aus Kunststofffolie unter die Netzgehege gespannt und diese damit großteils gesammelt und in Intervallen abgepumpt werden.

Netzgehegeanlage für die Produktion von Welsen mit Trockenfutter. (Foto: F. Lévai)

Die Produktionsergebnisse von Aufzuchtversuchen (Fütterung mit 3 mm Pellets um 10:00, 14:00 und 18:00 Uhr über Futtertische) in Netzgehegen in Naturteichen während kühlerer Sommermonate (nur 23 Tage mit Wassertemperaturen >20 °C) sind folgender Tabelle zu entnehmen.

Produktionsergebnisse für Welse (*S. glanis*) in Netzgehegen
in Abhängigkeit von Fischgröße und Produktionszyklus:
(Nach: Piesker et Reich, 1990)

Produktion/Sömmrig	1-2	1-2	2-3
Besatzmenge St./m3	35	70	33
Besatzgröße g	16,4	12,8	224,0
Produktionsdauer Tage	68	117	117
Zuwachs kg/m3	7,51	11,00	14,20
Überlebensrate %	91,7	95,7	91,0
Abfischmenge kg/m3	8,10	11,93	21,60
Abfischgröße g	246	178	721
Futteraufwand	1,73	1,72	1,91
Futterquotient	1,86	1,96	2,89

KREISLAUFANLAGEN:

Die Fischzucht konkurriert mit anderen Nutzern um begrenzte und damit teure Produktionsfaktoren, wie Wasser und Land. Land wird zur Anlage von Teichflächen zur extensiven Haltung in erheblichem Maße benötigt. Forderungen der Umweltgesetzgebung grenzen die natürlichen Möglichkeiten der Fischproduktion immer mehr ein. Bereits bestehende Fischzuchtanlagen sehen sich mit Auflagen zur Reinigung des Ablaufwassers konfrontiert. Aus all diesen Gründen wird seit etwa drei Jahrzehnten die Entwicklung intensiver, wassersparender und umweltunabhängiger Verfahren der Fischproduktion vorangetrieben.
Die Fischproduktion im geschlossenen Wasserkreislauf (Kreislaufanlage) muss in einem sehr stark begrenzten Volumen alle Prozesse ablaufen lassen, die in einem natürlichen Wasserkörper auch ablaufen. Daher muss die Kreislaufanlage dieselben Aufgaben erfüllen, wie der Teich als Gesamtsystem. Ziel der technischen Lösungen ist es, die Prozesse kontrolliert ablaufen zu lassen. Dafür bieten sich neben der Regulation der umlaufenden Wassermenge, die Manipulation des Gasgehaltes und des pH-Wertes, ebenso wie die Entfernung von Abfall- und Feststoffen an. Zum Zweck der Kontrollierbarkeit der Einzelprozesse werden die verschiedenen Funktionsbereiche meist räumlich getrennt.
Die Nachteile dieser Verfahren liegen in den hohen technischen Anforderungen an Betreiber bzw. Personal und den relativ hohen Betriebskosten. Die Vorteile liegen vor allem im geringen Frischwassereinsatz, einer möglichen stark räumlichen Konzentration der Fische, sowie einer umwelt- und standortunabhängigen Produktion.
Das Ablaufwasser aus den Fischbecken, welches mit den Stoffwechselprodukten der Fische belastet ist, wird vorerst physikalisch durch Sedimentationseinrichtungen (wie Wirbelseparator oder Lamellenabscheider) bzw. besser mechanisch durch Siebfilterverfahren (wie Band- Scheiben- oder Trommelfilter) vorgereinigt. Anschließend wird es mit biologischen Klärverfahren aufbereitet, mit Sauerstoff angereichert und zu über 90 % wieder verwendet. Beim Vorgang der biologischen Reinigung (Nitrifikation) wird von Bakterien unter aeroben Bedingungen der Stickstoff von Ammonium und Ammoniak zu Nitrit und Nitrat oxidiert. Kreislaufanlagen werden überwiegend in Gebäuden installiert und die Kontrolle der Wassertemperatur erfolgt oft über die Raumtemperatur. Das technische Risiko (durch Stromausfall und Motordefekte etc.) lässt sich durch Notstromaggregate und doppelt vorhandene Pumpen etc., sowie verfügbaren Reinsauerstoff- und Frischwassereinsatz minimieren.

Verwendet werden können Becken jeder Art und Größe, gebräuchlich sind meist Langstrom- oder Rundbecken mit 5-50 Kubikmeter Inhalt. Sie sollten weitgehend selbstreinigend und vom Wasserkreislauf zu trennen und einzeln ablassbar sein. Die Dimensionierung der Rohre steht im direkten Verhältnis zur berechneten Wassermenge (Wasserumwälzung 1-2-mal/h bzw. besser 20-40 m^3/kg Futter und Tag) und sollte eine Reserve von mindestens 20 % beinhalten. Die Besatzdichte beträgt beim Europäischen Wels am besten 50-100 kg/m^3.
Zur Inbetriebnahme wird das gesamte System mit Wasser gefüllt. Da sich der für die Nitrifikation, also den Abbau von Ammonium über Nitrit zu Nitrat, nötige Bakterienrasen erst mit der Zeit entwickelt, sollte die Anlage langsam „eingefahren" werden. Dazu wird empfohlen, das System einige Zeit (ca. 2-4 Wochen) ohne Fische aber mit Futter zu betreiben, oder umgekehrt. Nach und nach entwickelt sich auf dem Filtermaterial ein Bakterienrasen (*Nitrosomonas sp.*, *Nitrobacter sp.* und *Nitrospira sp.*), der die Nitrifikation durchführt. Zu Beginn sind daher hohe Ammonium- und Nitritwerte im Wasser zu erwarten. Die Bakteriendichte und damit die Abbauleistung ändern sich dann mit dem Nahrungsangebot. Daher sollte der Fischbestand bzw. die Futtermenge im System keinen großen bzw. schnellen Schwankungen unterliegen.
Die Fütterung der Fische sollte als kontinuierliche Belastung erfolgen, am besten unter Verwendung von Futterautomaten. Vom Stickstoff aus dem Futter wird etwa 30-40 % im Fisch als Wachstum umgesetzt und gespeichert, 50-55 % über die Kiemen und 8-12 % über den Kot (ca. 50-60 % partikulär absetzbar) ausgeschieden. Die gesamte Ammonium-Stickstoffproduktion (NH_4-N) zur Berechnung der Oberfläche des Biofilters beträgt 30-50 g je Kilogramm Futter. Der Biofilter ist für den Abbau einer bestimmten maximalen Ammoniumausscheidung (bzw. Futtermenge) ausgelegt. Je nach Eiweißgehalt (Rohprotein) im Futter steigt bzw. sinkt die Stickstoffausscheidung und damit die mögliche Futtermenge, die verfüttert bzw. abgebaut werden kann. Je geringer der Eiweißgehalt im Trockenfutter ist, desto mehr Futter kann daher auch in der Anlage verfüttert werden (siehe auch Tab.).

Trockenfuttermenge und Stickstoffanteil
in Abhängigkeit vom Eiweißgehalt:

Proteingehalt %	**30**	**35**	**40**	**45**	**50**
Futtermenge %	**135**	**120**	**100**	**88**	**70**
Stickstoff g/kg Futter	48	53	64	72	80
Nitrat g/kg Futter	106	117	142	160	177

Die Abbaurate von Ammonium hängt wesentlich von Wassertemperatur, Sauerstoffkonzentration, Ammoniumgehalt, Schwebstoffgehalt, Diffusionslimitierung und anderem mehr ab. Bei einer Wassertemperatur von 25 °C und einem Sauerstoffgehalt von 8 mg/l (100 % Sättigung), sowie 2,2 mg/l Ammoniumstickstoff beträgt die Abbaurate limitiert durch Diffusion bzw. Metabolismus max. 0,7 g/m^2 und Tag. Bei einer Wassertemperatur von 20-25 °C rechnet man (im Fließbett in Süßwasser) mit einer täglichen Abbauleistung von rund 0,4-0,6 g NH_4-N/m^2 besiedelbarer Oberfläche. Bei Wassertemperaturen unter 20 °C sinkt die Abbauleistung der Bakterien je 5 °C um etwa 50 % und die Futtermenge muss entsprechend angepasst werden. Die Abbaurate hängt aber auch vom pH-Wert ab und erhöht sich um etwa 13 % je pH-Einheit. Im Fließbett kann 60-80 % des Filtervolumens mit Filtermaterial geschüttet werden. Im Festbett bzw. genauer im Tropfkörper muss mit verringerter Reinigungsleistung bzw. mehr Filtermaterial (von 20-40 %) gerechnet werden.
Bei der Verfütterung von hitzebehandeltem Fischmehl kommt es oft zu Verfärbungen des Kreislaufwassers; dies kann durch eine Bestrahlung mit ultraviolettem Licht (254 nm) oder Behandlung mit Ozon (O_3) reduziert werden. Durch die geringe Reaktionszeit eignet sich Ozon besonders für die Wasseraufbereitung (Desinfektion, Oxidation) und Verbesserung der Nitrifikation. Die Dosis beträgt, je nach Fütterung und Wasserbelastung, etwa 15-25 g O_3/kg Futter oder 2,0 g O_3/g CSB. Zur genauen Dosierung eignet sich die Kontrolle über das Redoxpotential (rH) auf ca. 250 mV. Besonders zu beachten ist, dass Ozon auch bei sehr niedrigen Konzentrationen (von 0,01 mg O_3/l) noch für viele Lebewesen toxisch ist. Die Vernichtung des Restozons kann durch UV-Bestrahlung, verlängerten Reaktionszeiten oder Wasserstoffperoxid u.a.m. erfolgen.
Durch eine Denitrifikation, welche von Bakterien unter anaeroben Bedingungen von Nitrat über Nitrit zu gasförmigen Stickstoffverbindungen (N_2, N_2O, NO) erfolgt, kann der Nitratgehalt verringert, der pH-Wert erhöht und der Frischwasserbedarf in Kreislaufanlagen weiter um rund 50 % verringert werden. Da sich die denitrifizierenden Bakterien aber hauptsächlich von organischem Kohlenstoff ernähren, sollte in diesem Fall dem System 50-100 g hydrolysierte Getreidestärke je kg verabreichtes Futter zugeführt werden. Bei Trockenfutter sollte das Verhältnis Protein/Bruttoenergie außerdem 16-19 g/MJ betragen. Alternativ erfolgt dies mit Methanol (CH_3OH) als Kohlenstoffquelle (ca. 3,5-4,0 g/g NO_3-N), wobei das Verhältnis CSB:NO_3-N etwa 5:1 bis 7:1 betragen sollte.

Um den Nitratgehalt im Kreislaufwasser zu reduzieren ist (je nach Futter und Denitrifikation) ein Frischwasserbedarf von rund 200-400 Liter je kg Futter nötig, welcher am besten über ein Schwimm- und/oder Magnetventil in den Fischbecken erfolgt. Bei der Oxidation von 1,0 g Ammonium wird etwa 4,34 g Sauerstoff und 7,14 g Kalk verbraucht, und gleichzeitig 0,21 g Bakterienzellen, 4,43 g Nitrat und 1,98 g Säure produziert. Da von den nitrifizierenden Bakterien also etwa 7,14 g Kalk ($CaCO_3$) je Gramm oxidiertem Gesamt Ammonium-Stickstoff (NH_4-N) verbraucht wird, muss dem System (je nach Frischwasser) zur Stabilisierung des pH-Wertes wieder Kalk zugeführt werden, was am einfachsten über Kalziumkarbonat ($CaCO_3$) oder Natriumbicarbonat ($NaHCO_3$), ca. 100-200 g/kg Futter, erfolgt. Durch die Zugabe von Calzium-Hydroxid ($Ca(OH)_2$) in einer Dosis von etwa 1,68 mg/l zum Kreislaufwasser kann der Gehalt an freiem Kohlendioxid um 1 mg/l reduziert und der pH-Wert erhöht werden. Freies Chlor lässt sich durch die Zugabe von Natriumsulfid (Na_2S) in einer Dosis von 0,2-0,3 mg/l sofort entfernen.

Da der Anteil an fischtoxischem, freiem Ammoniak (NH_3) an der Ammoniumkonzentration (NH_4) wesentlich von pH-Wert, Wassertemperatur und Salinität abhängt, sind generell pH-Werte von 6,5-7,5 zu empfehlen (siehe auch Tab.).

Normale Ausscheidung (Exkretion) des beim Eiweißabbau entstehenden Ammoniumstickstoff über die Kiemen ist möglich, wenn der pH-Wert des Wassers gleich oder kleiner als der des Blutes (pH 7,3-7,5) ist. Unter diesen Bedingungen diffundiert Ammoniak ungehindert aus dem Blut ins Wasser, selbst gegen höhere Ammoniumgehalte. Ist aber der pH-Wert der Wassers höher als der des Blutes, wird mit steigendem pH-Wert die Diffusion des Ammoniaks aus dem Blut bis zur vollständigen Blockade (pH 10,5) vermindert. Ist der pH-Wert im Wasser höher als jener des Blutes und tritt gleichzeitig auch Ammonium im Wasser auf, so nimmt mit steigendem pH-Wert auch der Anteil des giftigen Ammoniaks zu. Die Ammoniumausscheidung aus den Kiemen ist dabei zunehmend nicht mehr möglich und es diffundiert Ammoniak aus dem Wasser über die Kiemen ins Blut. In beiden Fällen erfolgt eine Akkumulation im Fisch und es kann zu einer Kiemennekrose und schließlich zu einer Ammoniakvergiftung kommen. Als Grenzwert gelten etwa 0,04 mg NH_3/l. Der Effekt von Ammoniak kann jedoch durch die Zugabe der gleichen Menge an Natrium reduziert werden.

Prozentualer Anteil von Ammoniak an Ammoniumkonzentrationen

in Abhängigkeit von pH-Wert und Temperatur

(Nach: Emerson in Steffens et al., 1981)

°C	pH-Wert								
	6,0	**6,5**	**7,0**	**7,5**	**8,0**	**8,5**	**9,0**	**9,5**	**10,0**
0	0,0083	0,0261	0,083	0,261	0,82	2,55	7,64	20,7	45,3
1	0,0090	0,0284	0,090	0,284	0,89	2,77	8,25	22,1	47,3
2	0,0098	0,0309	0,098	0,308	0,97	3,00	8,90	23,6	49,4
3	0,0106	0,0336	0,106	0,335	1,05	3,25	9,60	25,1	51,5
4	0,0115	0,0364	0,115	0,363	1,14	3,52	10,3	26,7	53,5
5	0,0125	0,0395	0,125	0,394	1,23	3,80	11,1	28,3	55,6
6	0,0136	0,0429	0,135	0,427	1,34	4,11	11,9	30,0	57,6
7	0,0147	0,0464	0,147	0,462	1,45	4,44	12,8	31,7	59,5
8	0,0159	0,0503	0,159	0,501	1,57	4,79	13,7	33,5	61,4
9	0,0172	0,0544	0,172	0,542	1,69	5,16	14,7	35,3	63,3
10	0,0186	0,0589	0,186	0,586	1,83	5,56	15,7	27,1	65,1
11	0,0201	0,0637	0,201	0,633	1,97	5,99	16,8	38,9	66,8
12	0,0218	0,0688	0,217	0,684	2,13	6,44	17,9	40,8	68,5
13	0,0235	0,0743	0,235	0,738	2,30	6,92	19,0	42,6	70,2
14	0,0254	0,0802	0,253	0,796	2,48	7,43	20,2	44,5	71,7
15	0,0274	0,0865	0,273	0,859	2,67	7,97	21,5	46,4	73,3
16	0,0295	0,0933	0,294	0,925	2,87	8,54	22,8	48,3	74,7
17	0,0318	0,101	0,317	0,996	3,08	9,14	24,1	50,2	76,1
18	0,0343	0,108	0,342	1,07	3,31	9,78	25,5	52,0	77,4
19	0,0369	0,117	0,368	1,15	3,56	10,5	27,0	53,9	78,7
20	0,0397	0,125	0,396	1,24	3,82	11,2	28,4	55,7	79,9
21	0,0427	0,135	0,425	1,33	4,10	11,9	29,9	57,5	81,0
22	0,0459	0,145	0,457	1,43	4,39	12,7	31,5	59,2	82,1
23	0,0493	0,156	0,491	1,54	4,70	13,5	33,0	60,9	83,2
24	0,0530	0,167	0,527	1,65	5,03	14,4	34,6	62,6	84,1
25	0,0569	0,180	0,566	1,77	5,38	15,3	36,3	64,3	85,1
26	0,0610	0,193	0,607	1,89	5,75	16,2	37,9	65,9	85,9
27	0,0654	0,207	0,651	2,03	6,15	17,2	39,6	67,4	86,8
28	0,0701	0,221	0,697	2,17	6,56	18,2	41,2	68,9	87,5
29	0,0752	0,237	0,747	2,32	7,00	19,2	42,9	70,4	88,3
30	0,0805	0,254	0,799	2,48	7,46	20,3	44,6	71,8	89,0

Die Toxizität von Nitrit (NO_2) hängt ebenfalls von der Zusammensetzung des Wassers, insbesondere von der Chloridkonzentration (Cl^-) im Wasser ab. Dieser Effekt beruht auf einer Konkurrenz zwischen Chlorid und Nitrit um die Aufnahme über die Kiemen. Der pH-Wert scheint im Bereich zwischen 5-10 wenig Einfluss auf die Toxizität von Nitrit zu haben. In Bezug auf Nitrit sind Welse ähnlich empfindlich wie Salmoniden: Der 96h-LC50 bei 20 mg/l Cl- liegt bei ca. 6,4 mg/l NO_2-N. Bei Schädigungen durch NO_2, welche sich durch bräunliche Kiemen und Methämoglobinämie äußert, kann 25 mg/l Kalziumchlorid ($CaCl_2$) oder 250 mg/l Kochsalz (NaCl) zur Therapie eingesetzt werden.
Im Wasser sind neben Sauerstoff auch andere Gase (wie Stickstoff und Kohlendioxid) gelöst, die sich prinzipiell gegenseitig verdrängen können. Wichtig neben der Sättigung einzelner Gase ist dabei die Gesamtgassättigung, die eine Aussage darüber gibt, wie stark das Wasser insgesamt mit Gasen gesättigt ist. Erwärmt sich ein im Gasdruckgleichgewicht befindliches Wasser um 1-2 °C so kann es bereits zu einer Gesamtgasdruckerhöhung um knapp 2-5 % kommen. Wird dann noch Sauerstoff (O_2) verbraucht, so wird das Gasdruckgleichgewicht gestört und es kann zu fischtoxischen Übersättigungen mit Stickstoff (N_2) kommen. Auch wegen der hohen Löslichkeit von Kohlendioxid (CO_2) im Wasser, sollte dies daher entgast und belüftet werden. Dazu eignet sich besonders eine locker gefüllte Füllkörpersäule, die mit der 5-fachen Menge an Luft zwangsbelüftet wird. Um die Ansammlung von Kohlendioxid im Raum zu vermeiden, sollte auch dem Raumklima (Belüftung) besondere Aufmerksamkeit geschenkt werden.
Der Sauerstoffbedarf des Welses liegt etwa bei dem des Karpfens und die Sauerstoffkonzentration sollte generell nicht unter 5 mg/l liegen. Für die Sauerstoffanreicherung muss auch damit gerechnet werden, dass die Bakterien für die Nitrifikation einen hohen Sauerstoffbedarf haben (etwa 200-300 g/kg Futter bzw. das 4-5-fache der Nitrifikationsrate). Pro Tag rechnet man mit einer organischen Fracht von 2-4 g BSB_5 je Kilogramm Fischbestand bzw. besser 150-180 g BSB_5 je Kilogramm Futter. Je Gramm verbrauchten Sauerstoff wird dann etwa 1,2-1,4 g Kohlendioxid (CO_2) ausgeschieden.
Um Verlusten vorzubeugen, sollte die Wasserqualität (Sauerstoff, Temperatur, pH-Wert) stets mit Messgeräten mit integriertem oder angeschlossenem Alarm- und Regelsystem überwacht werden.
Da Welse besonders in Kreislaufanlagen empfindlich auf Parasitosen reagieren, muss der Hygiene besondere Aufmerksamkeit geschenkt werden.

Wo Warmwasser (Abwärme) kostengünstig zur Verfügung steht, kann die Aufzucht auch gut in Teichen, Gehegen oder Becken (im Durchfluss) erfolgen (siehe Abb.). Auch ein Teilkreislauf, wo bis zu 80 % des Wassers nach einer mechanischen, sowie eventuell biologischen Reinigung und Sauerstoffanreicherung wieder verwendet wird, ist möglich. Die Feststoffentfernung und der Spülwasserverbrauch von Siebfilterverfahren ist allerdings wesentlich von der Maschenweite des Filtergewebes abhängig (siehe Tab.). Bei einer Konzentration an Feststoffen von bis zu 25 mg/l kann mit einer Reinigungsleistung von etwa 1,0-1,4 m^3/Minute je m^2 Filterfläche, bei einer Maschenweite von 40-60 µm, gerechnet werden.

Reinigungsleistung eines Trommelfilters
in Abhängigkeit von der Maschenweite:

Maschenweite µm	**30**	**60**	**100**
Spülwasser l/kg Futter	**200**	**100**	**50**
Feststoffe %	99	48	21
CSB %	92	54	20
Stickstoff %	100	49	24
Phosphor %	100	91	47

Der Europäische Wels verträgt generell Wassertemperaturen von 4-30 °C, wobei das Temperaturoptimum für das Wachstum bei 25-28 °C liegt. Bei Wassertemperaturen unter 20 °C sinkt die Zuwachsrate drastisch ab, um bei 15 °C nahezu zu stagnieren. Unter optimalen Wassertemperaturen gehalten, erreichen Europäische Welse, je nach Geschlecht, mit einem Alter von 18-36 Monaten die Geschlechtsreife. Durch Steuerung der Tageslichtlänge über Lichtprogramme ist dann auch eine regelmäßige Vermehrung außerhalb der normalen Laichzeit möglich.
Fische aus Kreislaufanlagen und Naturteichen haben oft einen schlammig-modrigen Geruch bzw. Geschmack, welcher im Gewässer durch Stoffwechselprodukte verschiedener Mikroorganismen (hauptsächlich Cyano- und Actinobakterien, sowie Blaualgen) hervorgerufen wird, die überwiegend über die Kiemen aufgenommen und im Fettgewebe gespeichert werden. Daher sollten die Fische vor der Schlachtung unbedingt in sauberem (Quell- oder Grund-) Wasser gehältert werden. Dabei werden die Welse auf eine Wassertemperatur von unter 10 °C heruntergekühlt, ausgenüchtert und etwa 1-3 Wochen gehalten.

Vorgestreckte Welse beim Fressen von Trockenfutter. (Foto: M. Hochleithner)

Warmwasseranlage für die Welsproduktion. (Foto: M. Hochleithner)

Management

SORTIEREN:

Ein wichtiges Kriterium für optimales Wachstum ist die Größenzusammensetzung der gehaltenen Fische. Speziell bei der Fütterung mit Trockenfutter zeigen die Fische innerhalb von Wochen signifikante Größenunterschiede. Aber auch in den folgenden Monaten lässt sich ein Auseinanderwachsen (durch unterschiedliches Erbgut) immer wieder beobachten. Auch durch Anpassung und Verdrängung kann es zum Auseinanderwachsen der Fische kommen. Die Folge, gerade bei punktueller Fütterung, ist, dass hauptsächlich die dominanten Tiere an das Futter gelangen und sich somit die Größenunterschiede verstärken, was bis hin zu erhöhter Mortalität der schwachen Tiere führen kann. Zur Vermeidung solcher teilweise haltungsbedingten Probleme ist eine regelmäßige Sortierung der Fische in verschiedene Größenklassen notwendig und sollte je nach Wachstum durchgeführt werden. Grundsätzlich gilt, je intensiver die Produktion, desto öfter sollte sortiert werden. Wachsen die Welse zu stark auseinander, so muss in 2-4 Größenklassen sortiert werden. Die Sortierung in einzelne Größenklassen hat eindeutig eine positive Auswirkung auf Wachstum und Mortalität. In den Naturteichen ist eine geordnete Sortierung natürlich nur beim Besatz (im Frühjahr) und der Abfischung (im Herbst) möglich.
Für kleinere Mengen haben sich manuelle Sortierrahmen bewährt. Dieser meist schwimmfähige quadratische Rahmen aus Holz (ca. 35-45 x 35-45 x 15-20 cm) mit runden Gitterstäben an der Unterseite, lässt sich durch Scharniere zu einer Raute verschieben und so der Abstand zwischen den Gitterstäben im Bereich von 4-30 mm stufenlos einstellen. Für größere Mengen werden meist automatische Sortiermaschinen mit einer Kapazität von 1-9 t/h eingesetzt. Diese oft auf Anhängern mit Rädern montierten Maschinen haben zwei leicht geneigte V-förmige Seitenwände mit rotierenden Rollen oder Förderbändern deren Abstand sich einstellen lässt und zum Ende hin immer breiter wird.
Vor der Sortierung wird die Futtergabe mindestens einen Tag vorher abgesetzt, damit die Tiere einen reduzierten Sauerstoffbedarf haben und weniger stressanfällig sind. Nach der Sortierung sollten die Fische innerhalb einer Größenklasse nicht mehr als 10-20 % vom Durchschnittsstückgewicht abweichen. Wichtig ist auch die exakte Dokumentation der Mengen, da die Daten die Basis für die weiteren Berechnungen darstellen.

Gewichtszusammensetzung Europäischer Welse (*S. glanis*)
nach einer Aufzuchtdauer von 6 Monaten im Warmwasser:
(Nach: Heymann, 1990)

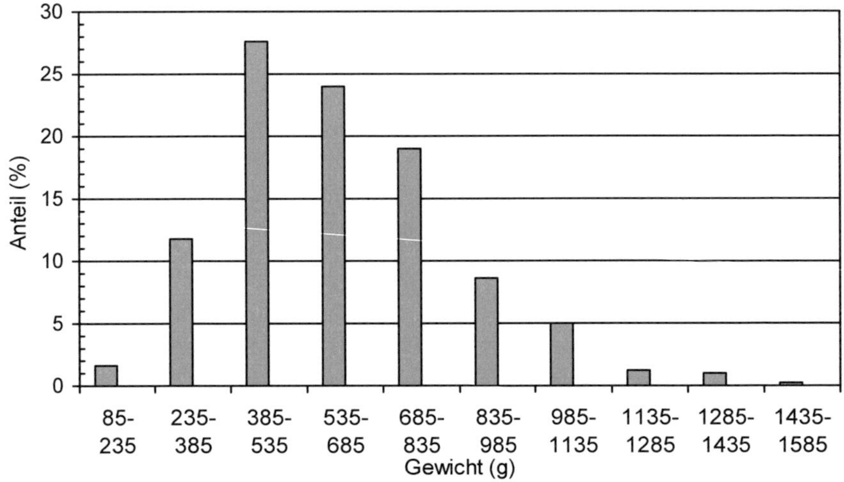

Längenzusammensetzung Europäischer Welse (*S. glanis*)
nach einer Aufzuchtdauer von 6 Monaten im Warmwasser:
(Nach: Heymann, 1990)

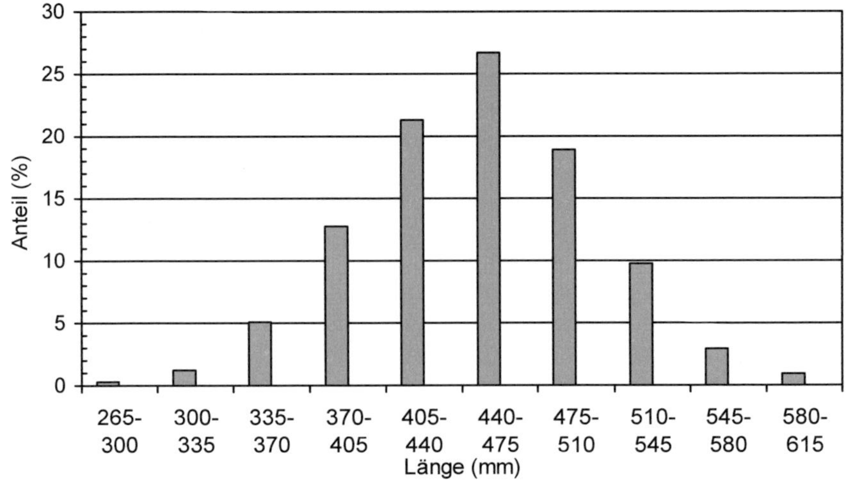

KRANKHEITSBEHANDLUNG:

Hygiene ist eine grundsätzliche Anforderung für erfolgreiche Fischzucht. Verendete Tiere sind möglichst sofort zu entfernen. Alle Geräte sind regelmäßig mit geeigneten Mitteln (z.B.: 10 %iges Formaldehyd) zu desinfizieren. Bei Becken kann die Desinfektionslösung (0,3-0,5 l/m²) gut mit einer Gießkanne verteilt aufgebracht werden. Die Einwirkzeit ist temperaturabhängig und sollte mindestens 30 min bei 20 °C, 60 min bei 12 °C, oder 150 min bei 4 °C betragen. Teiche werden am besten sofort nach dem Abfischen mit Brannt- oder Chlorkalk desinfiziert, allerdings muss der Teich zur Beseitigung zu hoher pH-Werte vor einem neuen Besatz 2-6 Wochen lang gefüllt und nochmals abgelassen werden.
Grundsätzlich muss festgehalten werden, dass bei "vernünftiger" Haltung der Fische unter guten Bedingungen viele Krankheiten erst gar nicht auftreten. Umweltfaktoren haben also direkt oder indirekt einen großen Anteil am Entstehen von Krankheiten. Vor allem bei schlechten Haltungsbedingungen in der intensiven Produktion kann es zum Auftreten von Krankheiten kommen. Diese sollten, wenn möglich, unmittelbar bekämpft werden, langfristig sind die Haltungsbedingungen zu verbessern. Das Vorliegen einer Erkrankung kann oft schon am veränderten Verhalten der Fische (Fressunlust) festgestellt werden.
Durch UV-Bestrahlung des Wassers können Parasiten, Bakterien und Viren abgetötet werden. Bei einer Dosis von 20-30 mWs/cm² etwa *Aeromonas, Sarcina, Saprolegnia*, und bei einer Dosis von 100-300 mWsec/cm² etwa *Trichodina* und *Ichthyophthirius*. Zur 90 %igen Reduzierung reicht etwa die Hälfte bis ein Drittel der Dosis aus. Zu beachten ist aber, dass mit der Trübung im Wasser auch die Absorption der Strahlung von 3 auf 60 %/cm Bestrahlungstiefe steigen kann.
Gegen viele Außenparasiten (*Chilodonella, Trichodina, Dactylogyrus, Gyrodactylus*) bietet sich 36 %iges Formalin, für eine Kurzzeitbehandlung (0,5-2,0 h) in einer Dosis von 200-300 ppm bzw. für eine Langzeitbehandlung (12-48 h) in einer Dosis von 20-30 ppm, als Bad an. Als Alternative eignet sich für einige Außenparasiten (*Trichodina, Argulus, Ergasilus*) stattdessen auch Kochsalz (NaCl) in einer Dosis von 1-2 % für ca. 1 h. Während des Behandlungsbades werden die Fische beobachtet, um im Fall von Stressreaktionen frisches Wasser beizufügen oder gegebenenfalls die Behandlung zu unterbrechen. Da Salz eine starke Schleimabsonderung hervorruft, in der sich meist die Parasiten befinden, ist es besser, das Bad (Verhältnis Fisch:Wasser von 1:10) in einem großen Transportbehälter oder ähnlichem durchzuführen und das Behandlungswasser anschließend zu entfernen.

Behandlung gegen verschiedene Ektoparasiten
bei positiver Diagnose:

Erreger	Chemikalie	Konzentration	Dauer
Einzeller	Kochsalz (NaCl)	1,0-2,0 %	für 1 Stunde
– „ –	Formalin (36 %ig)	300 ppm	für 1 Stunde
– „ –	Wasserstoffperoxyd	100 ppm	für 1 Stunde
– „ –	Detarox AP	20 ppm	für 1 Stunde
– „ –	Chloramin T	15 ppm	für 1 Stunde
– „ –	Kaliumpermanganat	10 ppm	für 1 Stunde
– „ –	Trypaflavin	10 ppm	für 1 Stunde
– „ –	Chlorkalk	2 ppm	für 1 Stunde
– „ –	Kupfersulfat	1 ppm	für 1 Stunde
Gyrodactylus	Peressigsäure (40 %ig)	3 ppm	für 24 Stunden
Dactylogyrus	Formalin (36 %ig)	20 ppm	für 24 Stunden
Piscicola	Branntkalk	2000 ppm	für 10 Sekunden
Ergasilus	Trichlorphon	0,5 ppm	für 5 Minuten
Argulus	Trichlorphon	0,3 ppm	für 12 Stunden

Abkürzungen: ppm = **p**art **p**er **m**illion (Teil pro Million) = 1 g bzw. 1 ml/m3 oder 1 mg/l.

Achtung: *Einige Mittel sind in manchen Ländern nicht mehr zulässig oder nur über den Tierarzt per Verschreibung erhältlich!*

Bei der Verwendung von Chemikalien oder Medikamenten sollte man zur Vorsicht erst einen Test mit einer kleinen Anzahl von Fischen (10 Stück) durchführen. Bei größeren Krankheitsproblemen sollte man unbedingt den Fischgesundheitsdienst um Rat fragen, bzw. einige Lebendfische zur Untersuchung einschicken. Einige Medikamente sind ohnedies nur über den Tierarzt erhältlich, da verschreibungspflichtig.
Eine Desinfektion der Eier ist mit 100 ppm Iodophore (1 % Aktivjod) für 10 Minuten möglich, dies sollte aber erst nach dem Quellen erfolgen.
In Warmwasseranlagen können beim Wels, vor allem bei ungünstigen Umweltbedingungen und Stress, auch Bakterien- und Viruserkrankungen (Irido- und Rhabdovirus) auftreten.
Bakterienkrankheiten können mit Antibiotika (verschreibungspflichtig) behandelt werden, allerdings wird auf die Angabe von Antibiotika zur prophylaktischen Behandlung bewusst verzichtet, da dies bei unsachgemäßer Anwendung nur zu unerwünschter Resistenzbildung führen würde. Wenden Sie sich bitte an den für Sie zuständigen Fischgesundheitsdienst (siehe Anhang).
Viruserkrankungen können nicht direkt behandelt werden, allerdings sind dabei generell alle tierseuchenrechtlichen Bestimmungen zu beachten.

TRANSPORT:

Da die Eier im Morulastadium (10-15 Stunden nach der Befruchtung) besonders empfindlich sind und die Eihaut vor dem Ausschlüpfen an Festigkeit verliert, ist es empfehlenswert, die Eier nicht zu transportieren bzw. falls nötig, dies bei einer Wassertemperatur von 20-22 °C am besten 24-36 Stunden nach der Befruchtung zu tun. Dazu können die Eier auf einem Siebrahmen transportiert werden und mit Moos oder Schwamm feucht gehalten werden. Oder sie werden, wie Brütlinge oder Vorgestreckte, im Plastiksack mit Sauerstoffblase befördert (¼ bis ½ Wasser zu ¾ bis ½ Sauerstoff).

Fischmenge (g/l) im Plastiksack bei einer Temperatur von 20 °C
in Abhängigkeit von der Transportdauer:

Transportdauer h	12	24	48
Geschlüpfte Brut	300	200	100
Fressfähige Brut	400	300	200
Vorgestreckte Brut	500	400	300

Kleinere Mengen an Satzfischen, können ebenfalls in mit Sauerstoff gefüllten Plastikbeuteln transportiert werden.
Größere Mengen an Speise- und Laichfische sollten hingegen besser in gut verschließbaren Behältern aus Kunststoff (Polyester oder Polyethylen) mit Sauerstoffversorgung transportiert werden.
Die meist rechteckig gebauten Transportbehälter sollten quer zur Fahrtrichtung montiert und befestigt werden, da dann das Wasser beim Fahren bzw. Bremsen am wenigsten schwappt. Der Behälter sollte möglichst voll mit Wasser aufgefüllt werden, und darf dabei später auch kein Wasser verlieren. Ein Ablassventil und eine Ablassschleuse sind dabei vorteilhaft für das Entleeren des Behälters. Für längere Transporte eignen sich am besten weiße, isolierte Behälter, da diese sich nicht so schnell erwärmen, wie dunkle. Der Sauerstoff wird bei Gummiausströmern zu etwa 10-30 % und bei Keramikplatten-ausströmern zu 50-90 % genutzt. Eine Belüftung mit Luft über Kompressor bietet sich vor allem bei kleineren Mengen an.
Für den Transport werden die Fische, je nach Transportdauer, Temperatur und Fischgröße, mindestens 2-3 Tage vorher nicht mehr gefüttert, um die Ausscheidungen während des Transportes möglichst gering zu halten. Die Transportdichte ist wesentlich von Wasser-temperatur, Fischgröße, sowie Transportdauer abhängig (siehe Tab.).

Fischmenge (kg/m³) im Behälter für Transporte bis zu 20 h
in Abhängigkeit von der Wassertemperatur:
(Nach: Tölg et al., 1981)

Temperatur °C	0-5	5-10	10-15	15-20	20-25	25-30
Fischmenge	700	600	500	400	300	200

Die obige Tabelle gilt für Welse mit einem durchschnittlichen Stückgewicht von etwa einem Kilogramm, mit Sauerstoffversorgung. Bei Stückgewichten von 1-2 kg können die Richtwerte um 10-20 % erhöht werden. Bei Stückgewichten von 500-1.000 g sind diese Zahlen um 20-30 %, bei 200-500 g um 30-50 %, bei 100-200 g um 50-60 % und bei 50-100 g um 60-80 % zu verringern. Bei Wassertemperaturen über 15 °C gelten die Werte für Fische mit leerem Darm.
Für den schonenden, einfachen innerbetrieblichen Transport haben sich die auf einen Hubstapler montierbaren Behälter, die teilweise eine Mess- oder Wiegeeinrichtung besitzen, sehr bewährt. Das Entladen der Fische erfolgt durch Heben und Nachvornekippen des Behälters. Die Fische werden über eine Schleuse und einen anschließenden Schlauch mit 20-30 cm Durchmesser entlassen.

Innerbetrieblicher Transportbehälter für den Hubstapler. (Foto: M. Hochleithner)

AUSBLICK:

Die Produktion von Europäischen Welsen in der Aquakultur ist noch relativ gering. In Europa ist das größte Problem die Konkurrenz mit Welsen anderer Familien (Clariidae, Ictaluridae, Pangasiidae), die wesentlich günstiger produziert werden können und am Markt daher einen niedrigeren Preis haben. Europäische Welse sind aber viel versprechende Fische für die intensive Aufzucht in der Aquakultur und es ist zu erwarten, dass sich deren Anpassung und Wachstum noch erheblich verbessern lassen. Die Männchen wachsen anfangs meist 5-15 % schneller und haben eine höhere Schlacht- und Filetausbeute als die Weibchen.

Für die Erzeugung von eingeschlechtlichen (monosex) Beständen, wendet man die Gynogenese (wenn das gesamte Erbgut von der Mutter stammen soll) bzw. Androgenese (wenn das gesamte Erbgut vom Vater stammen soll) und/oder eine indirekte Hormonbehandlung an. Die Basis für Monosex-Bestände sind Eltern mit nur einem Genotyp, deren Geschlechtsprodukte mit denen von normalen Fischen (Weibchen bei der Gynogenese bzw. Männchen bei der Androgenese) verwendet werden. Es entstehen so nun nur Nachkommen eines Geschlechts, die eine große Erbgleichheit (Homozygotie) mit dem entsprechenden Elternteil haben.

Für die diploide Gynogenese wird das Sperma bzw. bei der Androgenese die Eier mit UV- oder Röntgenstrahlen behandelt, um so das Genom zu eliminieren. Für die Aktivierung der Welseier bei der gynogenetischen Vermehrung kann auch, für 15 Minuten mit einer 15 Watt UV-Lampe bestrahltes (48.000 erg mm^2) Sperma von Cypriniden (*Cyprinus carpio* oder *Ctenopharyngodon idella*) verwendet werden, wobei die Aktivierungsraten um etwa 3 % geringer sind. Anschließend werden durch eine physikalische Schockbehandlung die mit bestrahltem Sperma befruchteten Eier zum Erhalt der Diploidie oder die mit unbestrahltem Sperma befruchteten Eier so zur Triploidie veranlasst.

Die Schockbehandlung erfolgt 9 Minuten nach der Befruchtung mit einem Temperaturschock entweder bei 40-41 °C für 40-60 Sekunden oder besser bei 5-6 °C für 20 Minuten, wobei eine etwa 5-10 % höhere Mortalität bei der Erbrütung und 70-100 % bzw. nach 5 Monaten nur noch 10-20 % Triploide auftreten. Mit einem Druckschock (600 kg/cm^2), 3 Minuten nach der Befruchtung für eine Dauer von 4 Minuten, erreicht man in etwa dieselben Ergebnisse. Allerdings wachsen diploide Welse im ersten Jahr um 10-30 % besser als triploide und haben eine wesentlich höhere Überlebensrate.

Fischerei

GESCHICHTE:

In manchen Gegenden und Gewässern (z.B.: Donau, Dnjepr, Wolga) sind Welse seit langem von erheblicher fischereilicher Bedeutung.
An der Donau fischte man bereits Anfang des 2. Jahrhunderts auf Welse. Dazu wurde ein scharfer Haken mit getrockneter Rindslunge an einem Seil befestigt und der gefangene Fisch mittels eines Ochsen- oder Pferdegespanns ans Ufer gezogen. Aus früherer Zeit ist auch der Welsfang mit Hilfe von Holzzäunen bekannt. Diese wurden quer zur Strömung eingebaut oder Altwässer damit abgesperrt. In den Zäunen blieben enge Durchlässe offen, an denen die Fischer mit Stecheisen lauerten, oder es wurden Reusen in die Durchlässe eingelegt. Ein sehr altes und bewährtes Fanggerät war auch ein hohler Baumstamm in dem Welse gerne Unterschlupf suchten und der teilweise ins Wasser gelegt und von Zeit zu Zeit angehoben wurde. Am häufigsten benutzte man das so genannte Berührungsnetz, das einen tiefen Grundteil und zwei Flügel hatte, an denen eine Rute befestigt war und an der der Fischer den Fisch bemerkte, das Netz anschließend vorsichtig heraushob und mit dem Landungshaken herauszog. Auch der Fang mit dem halbkreisförmigen Hamen war gebräuchlich, womit die überhängenden Ufer oder sonstige Unterstände abgesucht wurden. Der Fang erfolgt heute vor allem mit verschiedenen Kiemennetze und Reusen, sowie durch die Sportfischerei.

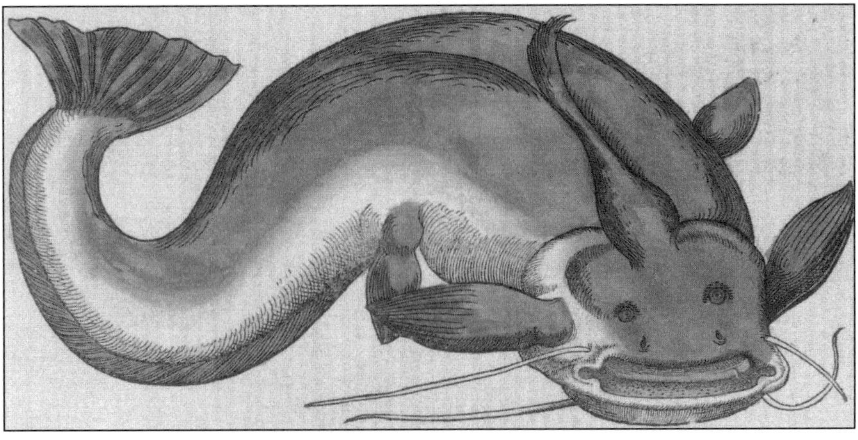

Ältere Darstellung eines Welses aus dem 16. Jahrhundert. (Nach: Gessner, 1563)

Gesamtausbeute an Eurasischen Welsen
aus Fischerei und Aquakultur:
(Nach: Shatz, 2000)

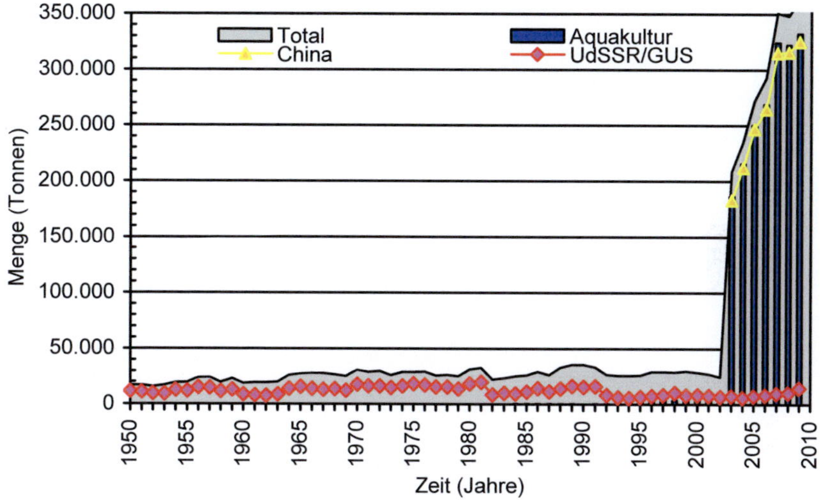

Anteil an der fischereilichen Gesamtausbeute
von 28.760 t (Durchschnitt der 1990er Jahre):
(Nach: Shatz, 2000)

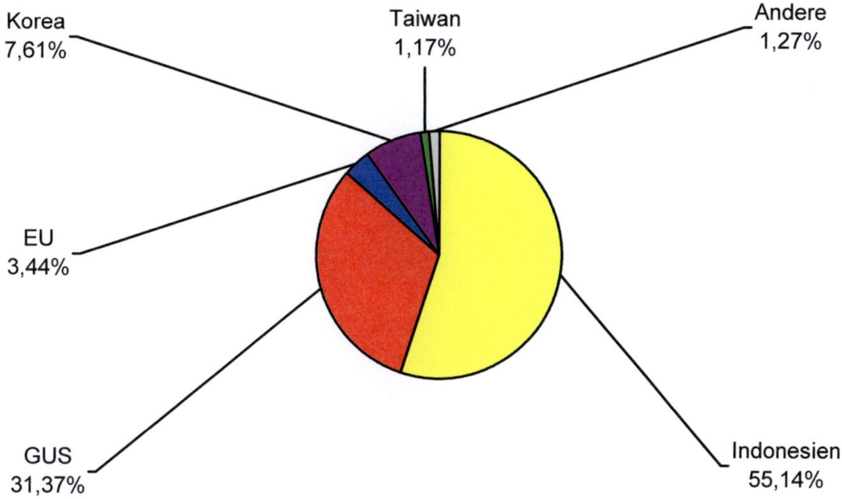

Gesamtausbeute des Europäischen Welses
aus Fischerei und Aquakultur:
(Nach: Shatz, 2000)

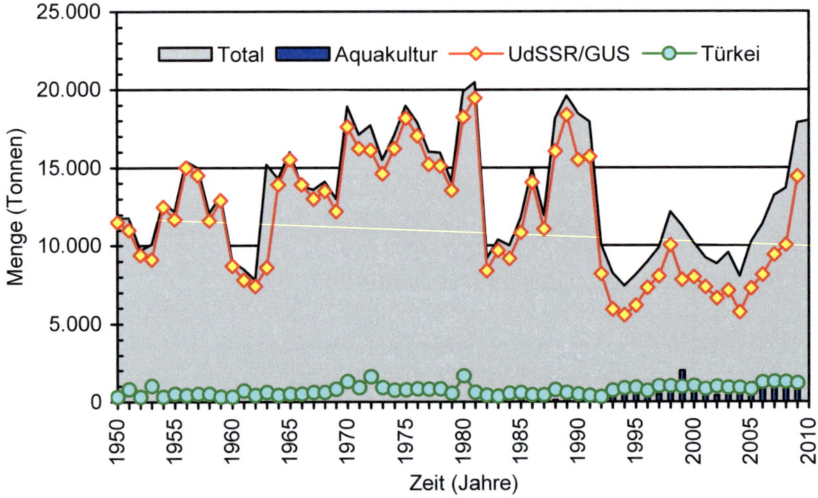

Anteil an der fischereilichen Gesamtausbeute
von 10.830 t (Durchschnitt der 1990er Jahre):
(Nach: Shatz, 2000)

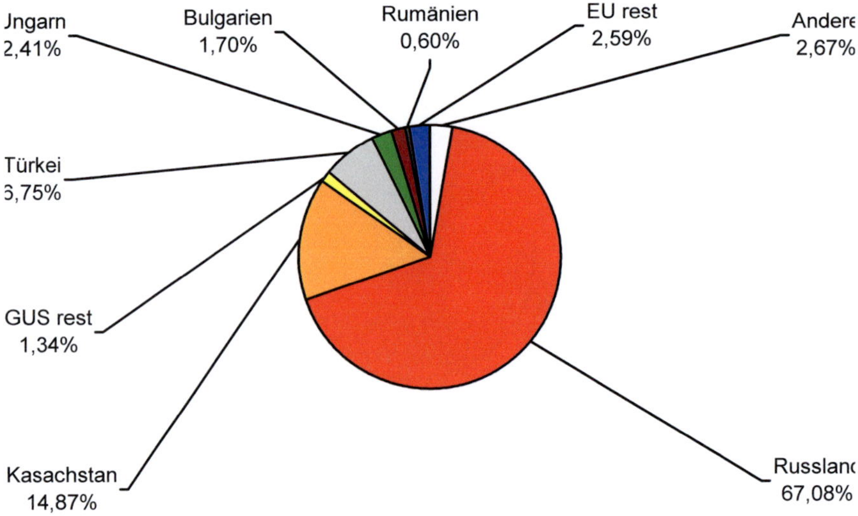

Der Fang von Eurasischen Welsen (*Siluridae*) aus der Fischerei wird weltweit von nur zwei Gattungen dominiert, welche zusammen rund 99 % aller erbeuteten Siluriden ausmachen und sich in den 1990er bzw. 2000er Jahren (28.760 bzw. 23.400 t) wie folgt aufteilen: *Kryptopterus* spp. (55,14 bzw. 55,54 %) und *Silurus* spp. (44,86 bzw. 42,77 %). Der Rest entfällt in den 2000er Jahren auf *Ompok* spp. Der Fang erfolgte dabei ausschließlich in Binnengewässern, wobei sich der Anteil auf die Kontinente wie folgt aufteilt: Asien 64,94 bzw. 68,21 % und Europa 35,06 bzw. 31,79 %. Seit Anfang der 2000er Jahre übersteigt die Produktion aus der Aquakultur den Fang aus der Fischerei.
Die Produktion von Eurasischen Welsen (*Siluridae*) aus der Aquakultur wird weltweit von nur einer Gattung dominiert, welche über 99 % aller erzeugten Siluriden ausmacht und sich in den 1990er bzw. 2000er Jahren (2.230 bzw. 191.644 t) wie folgt aufteilt: *Silurus asotus* (73,95 bzw. 99,38 %) und *Silurus glanis* (26,05 bzw. 0,56 %). Der Rest entfällt in den 2000er Jahren auf *Wallago* spp. Die Produktion erfolgte dabei ausschließlich im Süßwasser, wobei sich der Anteil auf die Kontinente wie folgt aufteilt: Asien 74,14 bzw. 99,44 % und Europa 25,60 bzw. 0,51 %, sowie Afrika 0,26 bzw. 0,05 %. Die größte Steigerung erfolgte dabei im Jahre 2003 als China den Statistiken der FAO beitrat und in diesem Jahr eine Welsproduktion (*Silurus asotus*) von über 183.000 t meldete.

Stellnetzfischerei. (Foto: R. Eilmannsberger)

ANGELN:

Das Angeln auf Welse hat in den letzten Jahren in Europa einen regelrechten Boom erlebt. Aufgrund der Tatsache, dass der Wels in vielen Gewässern Europas, klimatisch bedingt, nun bessere Bedingungen vorfindet und vermehrt ablaichen kann, beginnen sich mehr und mehr Angler mit diesem Fisch auseinander zu setzen. Besonders die Fänge von kapitalen Welsen in den südlichen Gebieten Europas (wie am spanischen Ebro oder am italienischen Po) bewegen viele Welsangler, ihren Urlaub in diesen Gebieten zu verbringen.

Ausrüstung

Zum Angeln auf Welse ist eine starke Ausrüstung absolute Voraussetzung. Viele Hobbyangler fischen mit zu leichtem Gerät und wissen auch nicht, was sie ihrem Gerät zutrauen können. Dies führt dazu, dass große Fische, die beim Drill oft in hindernisreiche Gebiete flüchten, verloren gehen oder schließlich die Schnur reißt. Damit dies nicht passiert, muss der Welsangler eine starke Rute von 3-4 m Länge (Bootsruten 2,0-2,7 m) mit einem Wurfgewicht von mindestens 300 g verwenden. Dazu passend eine kräftige Rolle, die mindestens 200 m monofile Schnur fasst, welche einen Durchmesser von zumindest 0,5-0,6 mm hat. Zum Fischen auf Großwelse kommen gar Ruten mit bis zu 1000 g Wurfgewicht und Schnüre von 0,7-0,8 mm zum Einsatz. Zwar werden polyfile Schnüre immer populärer, jedoch schwören viele Profis auf die Verwendung von abriebstarkem Monofil, da in der Endphase des Drills bei polyfilen Leinen die fehlende Dehnung oft zum Fischverlust führt, da der Haken den Gaumen des Fisches dann unter Umständen regelrecht aufschlitzt, wenn er in diesem Bereich gefasst hat.

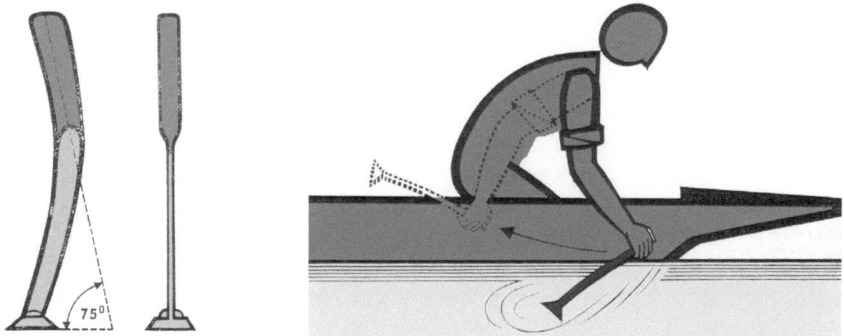

Lockgerät und dessen Anwendung. (Nach: Mihálik, 1982)

Lockgerät

Eine sehr alte und vor allem in größeren Flüssen (Donau, Don, Wolga), vom Boot aus verwendete Methode ist das Anlocken der Fische mit dem Wallerholz (Bučka, Kuča) - einem akustischen Lockinstrument. Dabei werden die Laute, die ein Wels bei der Nahrungsaufnahme von sich gibt, möglichst naturgetreu nachgeahmt. Das so genannte "Paffen" der Welse entsteht durch starkes Einschlürfen des Wassers (eventuell mit Nahrung) an der Wasseroberfläche. Wird das Wallerholz richtig angewendet, so werden die Schallwellen als feine Vibration vom Wels wahrgenommen und er vermutet wahrscheinlich einen Konkurrenten in seinem Revier und wird dadurch angelockt.

Das Wallerholz kann aus Holz, Metall oder anderem Material hergestellt werden - wichtig ist seine Form. Der meist 30-40 cm lange flache Griff ist in einem Winkel von 20-30 Grad säbelförmig gebogen und bildet am Ende ein so genanntes "Huf" aus, ein nach innen oder außen gewölbtes kleines Teller mit etwa 3-6 cm Durchmesser.

Die richtige Anwendung des Geräts erfordert viel Übung und Erfahrung, und je nach Wasserstand und Trübung werden unterschiedliche Wallerhölzer verwendet. Mit dem Wallerholz kann den ganzen Tag über geangelt werden. Besonders erfolgreich ist es natürlich in den Morgen- und Abendstunden sowie in der Nacht. An Stellen mit einer Tiefe von mindestens 5 m, an denen die Anwesenheit eines Welses vermutet wird, lässt man das Boot frei treiben oder fährt langsam. Das Lockgerät wird mit einer Hand gehalten und aus Arm bzw. Handgelenk in einem Winkel von ca. 30 Grad etwa 8-10 cm tief eingetaucht. Nach dem Eintauchen ins Wasser wird es sofort beschleunigt und in einem Bogen aus dem Wasser gezogen, wobei die Töne die beim Eintauchen und Herausreißen des Geräts entstehen wesentlich sind.

Das Gerät wird nur 2-3 Mal nacheinander in regelmäßigen Intervallen eingetaucht, dann macht man eine Pause von 1-2 Minuten, denn häufigere Wiederholungen bleiben ohne Erfolg und vertreiben den Wels eher. Bei ungünstigem Wetter, insbesondere bei Wellengang, ist das Anlocken erfolglos. Am besten eignen sich ruhige und warme Nächte. Das Lockgerät kann von März-April bis September-Oktober (ausgenommen in der Laichzeit) verwendet werden. Hat der Wels das Geräusch geortet und wird von ihm angelockt, so kann er innerhalb von wenigen Sekunden aus bis zu 30 m Tiefe direkt unter dem Boot auftauchen. Dies wird vom modernen Welsangler auf dem Echolot verfolgt. Dabei hat er auch schon einen Anhaltspunkt über die Größe des Räubers. Der Köder (Köderfisch, tote Ratten, junge Tauben, große Wurmbündel usw.) wird ca. 1,5-2,5 m unter dem Boot angeboten.

Die Rute ruht im Bootsrutenhalter oder wird in der Hand gehalten und leicht auf und ab bewegt. Als zusätzlicher Reiz wird dabei von vielen Welsanglern eine rote Wollquaste oberhalb des Hakens befestigt. Bei erfolgtem Anbiss schlägt die Rute stark aus und Schnur wird von der Rolle gezogen. Jetzt erfolgt der starke Anhieb.

Grundfischerei

In Fließgewässern und an Hindernissen eignet sich besonders bei Neumond das Angeln mit dem Grundblei. Dies wird ähnlich wie beim Boiliefischen so gewählt, dass sich der Fisch selbst haken kann. Dazu muss das Gewicht, je nach Strömung, jedoch bis zu 300 g betragen. Wichtig ist ein starker Karabiner, da sich der Wels beim Drill oft dreht. Der kräftige Welshaken (fast ausschließlich Einzelhaken) kann mit einer speziellen Montage mit Styroporauftriebskörper den Köder 1-2 m über Grund halten, damit er vom Wels besser geortet und aufgenommen werden kann. Als Köder eignen sich lebende Köderfische bis zu 1 kg Körpergewicht, Eingeweide von Fischen oder Hühnern, frische Tintenfische, große Tauwürmer, Blutegel, Maulwurfsgrillen (je nach Gebiet), Heuschrecken oder Garnelen am besten. Seit kurzem werden, vor allem am Ebro auch mit speziellen Fischboilies zahlreiche Großwelse gelandet. Bedingung ist dabei natürlich, die Fische durch kontinuierliches Anfüttern an den neuen Köder zu gewöhnen.

Schwimmerfischerei

In stehenden Gewässern und im Sommer und hier vor allem bei Vollmondnächten eignet sich auch das Angeln mit dem Schwimmer. Der Auftriebskörper, der in der Lage sein sollte, einen 10-20 cm großen Köderfisch (manchmal, je nach Größe der zu erwartenden Welse bis zu 1 kg) zu tragen, wird relativ flach gestellt (max. 1 m Tiefe), damit der Köder im Oberflächenbereich schwimmt. Kapitale Welse werden praktisch ausschließlich mit dem lebenden Köderfisch gefangen. Wo es erlaubt ist, sind besonders Aale, Aalrutten, Schleien und Karpfen ideale Köder. Auch Barben, Döbel, Rotaugen und Brachsen eignen sich dazu. Das ca. 1 m lange Vorfach sollte nicht zu dünn gewählt werden (Minimum 0,5-0,6 mm oder polyfile Schnur von 30-40 kg Tragkraft), sodass auch ein größerer Hecht, der sich auf den Welsköder stürzt noch sicher gelandet werden kann. Köderfische werden am besten so angeködert, dass der oder die Haken vor der Rückenflosse des Köderfisches fest sitzen und möglichst frei baumeln können, um schnell zu greifen.

Da der Wels ein spezielles Raubverhalten zeigt und auf eigenen Routen – oft in der Gewässermitte – sein Revier kontrolliert, haben sich Spezialisten vor vielen Jahren eine Methode ausgedacht, um den Wels auch auf große Distanz noch haken zu können. Dazu wird meist mit dem Boot in größerer Distanz zum Ufer eine Boje versenkt. An dieser Boje ist eine Abrissschnur von ca. 3 m Länge und 0,25-0,30 mm Stärke befestigt. An der Hauptschnur ist ein Schwimmer angebracht, der in der Lage ist, den Köderfisch zu tragen. Dieser schwimmt wiederum im Oberflächenbereich (0,5-2,0 m Tiefe). Damit der Köderfisch die Stelle jedoch nicht verlassen kann, wird der Schwimmer über einen Karabiner mit der Abrissschnur zur verankerten Boje verbunden und stark gespannt. Dazu ruht die Rute in einem Rutenhalter in einem Winkel von ca. 70 Grad zur Boje. Nimmt nun der Wels in dieser großen Distanz vom Ufer den Köder, so bekommt er unmittelbar danach den Haken zu spüren, da die gespannte Schnur ja ein seitliches Wegziehen nicht erlaubt. Der Wels hakt sich somit selbst, zerreißt die Abrissschnur und ist nun direkt auf der Rute, wo er ausgedrillt werden kann.

Spinnfischerei
Sowohl in fließenden als auch in stehenden Gewässern kann das Angeln mit der Spinnrute angewendet werden. Dazu wird meist eine 2-3 m lange Rute mit einem Wurfgewicht von 100-200 g in Kombination mit einer großen kräftigen Stationärrolle sowie einer monofilen Schnur (Durchmesser von 0,4-0,5 mm) oder besser eine geflochten Schnur verwendet. Für das Spinnfischen kommen meist eigenschwere Metall-, Gummi- und Hartplastikköder mit einer Länge von 10-25 cm zum Einsatz. Mit Spinnködern werden alle beweglichen Wasserbewohner – vom Krebs bis zur Maus – imitiert. Auch tote Köderfische werden auf Systeme montiert und entlang der vermuteten Standplätze vorbei gezogen. In größeren fließenden Gewässern und entlang des Ufers in stehenden Gewässern eignet sich auch das Schleppen des Spinnköders hinter einem Boot.

Fliegenfischerei
Immer populärer wird auch das Fliegenfischen auf Welse. Dazu werden große Popper oder bis zu 30 cm lange Streamer verwendet. Das Gerät ähnelt dabei der Ausrüstung auf Tarpon, Segelfisch oder anderen großen Salzwasserfischen. Eine Rute der Schnurklasse 12 in Kombination mit einer Antireverse Rolle mit dazu passender Schnur und starkem Vorfach ist dafür erforderlich.

Gefischt wird mit diesem Gerät meist vom Boot oder Belly-Boot aus in Richtung der Uferkanten. Dabei wird der Kunstköder mit starken Ruckbewegungen an der Oberfläche gefurcht. Der Wels stürzt sich mit großer Wucht auf den Köder. Ein starker Anhieb über die Schnurhand (Strip Strike) setzt den Haken. Es wurden auf diese Art schon über 50 kg schwere Welse gelandet, die am verhältnismäßig leichten Fliegengerät natürlich einen unvergesslichen Drill liefern.

Drill und Landung

Nach dem Anbiss sollte sofort kräftig angeschlagen werden. Da der Wels nun versucht, sich am Grund zu verstecken, sollte die Schnur stets straff gespannt sein und er muss durch andauerndes Pumpen Zug um Zug an die Wasseroberfläche gebracht werden.

Gelandet wird der Wels nach erfolgreichem Drill in der Regel mit dem so genannten Wallergriff. Der Angler verwendet dazu Arbeitshandschuhe und greift den Wels am starken Unterkiefer. Der Daumen fasst dabei im Maul an der Innenseite des Kiefers, während die anderen Finger der Hand unterhalb des Kiefers greifen und gegen den Daumen drücken (Zangenwirkung). So kann auch ein großer Wels einigermaßen sicher gebändigt werden.

Verarbeitungsraum für Welse. (Foto: M. Hochleithner)

VERARBEITUNG:

Zum Ausnüchtern werden die Fische in abgedeckten Hälterbecken verschiedener Form und Größe bis zu 10 Tage gehältert. In der Regel sollte der Wasserwechsel 5-mal pro Tag erfolgen und der Sauerstoffgehalt im Ablaufwasser nicht unter 4 mg/l fallen. Die Besatzdichte kann dabei bis zu 100 kg/m^3 betragen.
Zum Töten werden die Fische betäubt, dies geschieht bei wenigen Fischen mit einem (30-50 cm langen) Holzstock, durch einen kräftigen Schlag auf den Kopf hinter die Augen. Bei größeren Mengen wird oft mit Gleichstrom betäubt. Dazu kommen die Fische in einen Behälter mit Wasser (El. Leitfähigkeit 600-900 µS/cm) der mit Plattenelektroden ausgestattet ist. Die Betäubung erfolgt mit Gleichstrom (4 Volt je cm Elektrodenabstand und 0,1 Ampere je dm^2 Elektrodenfläche) für 5 Minuten. Um die Frische zu gewährleisten, kommen die geschlachteten Fische am besten gleich in einen mit Eiswasser gefüllten Behälter und kühlen so schnell auf ca. 0 °C herunter.
Zum Ausnehmen wird zunächst die Bauchseite mit einem kleinen, speziell geformten hakenförmigen Messer vom After zum Kopf hin aufgeschnitten. Dann werden die Eingeweide, ohne diese zu verletzten, entfernt. Anschließend wird der Fisch gründlich gewaschen.
Zum Häuten wird die Haut hinter dem Kopf rundherum eingeschnitten und anschließend am besten mit einer Zange vom Fisch gezogen. Beim Filet wird dieses mit der Hautseite nach unten auf ein Brett gelegt. Dann wird mit einem langen dünnen Messer das Fleisch am Schwanzstiel bis zur Haut eingeschnitten und das Messer mit einem Schnitt weiter entlang der Haut durchgezogen. Zum Festhalten der Haut während des Häutens kann diese am Schwanzstiel etwas eingeschnitten werden. Bei der Verarbeitung größerer Mengen an Fischen werden jedoch heute großteils automatische Geräte und Maschinen eingesetzt.
Zum Filetieren wird mit einem langen dünnen Messer direkt über der Wirbelsäule vom Kopf in Richtung Schwanzflosse geschnitten und die Seitenhälfte vom Kopf geschnitten. Anschließend wird die andere Seite hinter dem Kiemendeckel und Brustflossen bis zur Wirbelsäule eingeschnitten und auch diese Seitenhälfte von der Wirbelsäule getrennt. Die so erhaltenen Seitenhälften werden von Bauchgräten, sowie Rücken- und Afterflosse getrennt, zugeschnitten und gesäubert.
Zum Glasieren wird der frisch gefrostete Fisch ein bis zweimal kurz in sehr kaltes Wasser getaucht und erhält so eine schützende Eishülle.
Zum Verpacken werden die Fische oder meist Filets am besten in Kunststoffbeuteln vakuumiert.

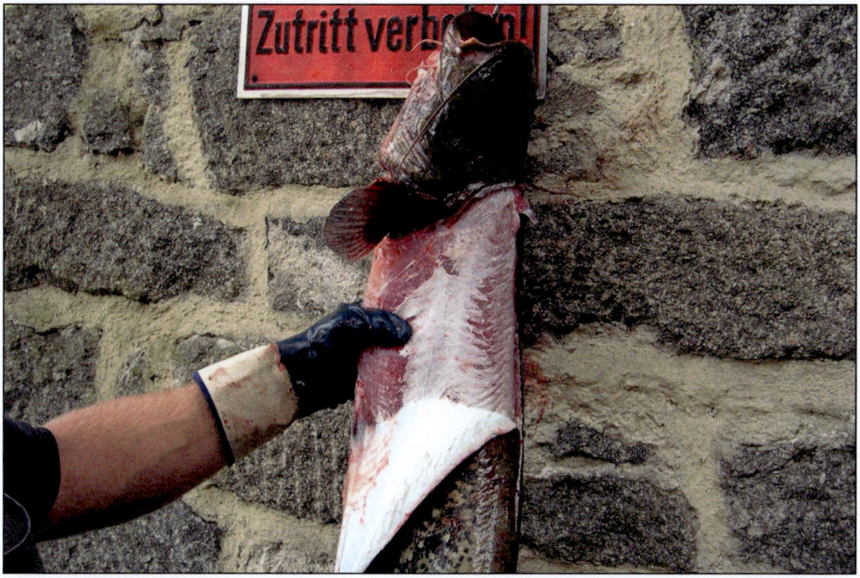

Enthäuten eines Welses. (Foto: M. Hochleithner)

Filetieren eines Welses. (Foto: M. Hochleithner)

Beim Kühlen erfolgt die Lagerung von Frischfisch am besten bei Temperaturen von 0 bis +4 °C und einer relativen Luftfeuchte von 90-95 %. Das Einsetzen und Anhalten der Totenstarre (rigor mortis) kann durch Kühlung von 10-24 h bei 15 °C auf 35-96 h bei 1 °C verzögert bzw. verlängert werden.
Beim Frieren erfolgt die Lagerung von Frostfisch am besten bei Temperaturen von -18 bis -20 °C. Entscheidend für das schonende Einfrieren ist eine schnelle Gefriergeschwindigkeit von mindestens 1-2 cm/h (2 h bei -35 bis -40 °C) und das rasche Unterschreiten der Kerntemperatur von -10 °C. Der Gewichtsverlust bei der Gefrierlagerung kann bis zu 20 % betragen. Da auch im gefrosteten Zustand die Eiweißdenaturierung und Fettoxydation, wenn auch wesentlich langsamer, weitergeht, sollten Fische bei -18 °C generell nicht länger als 2-3 Monate gelagert werden.
Bei der Verarbeitung von Fischen sind nur Trinkwasser, sowie leicht zu reinigende Materialien (wie Edelstahl, Kunststoff usw.) zu verwenden.
Die aktuell geltenden Vorschriften wie: Tierschutz-, Marktordnungs-, Lebensmittel-, Bedarfsgegenstände-, Etikettierungsgesetz sowie Zusatzstoff-, Höchstmengen-, Kennzeichnungsverordnung und Hygienebestimmungen etc. sind zu beachten.
Das Räuchern erfolgt mit Hartholz (z.B.: Buche, Eiche, Teak). Dabei können drei Verfahren unterschieden werden: Kaltrauch (unter 25 °C), Warmrauch (25-50 °C) und Heißrauch (über 50 °C).
Die Schlachtausbeute (ohne Eingeweide) beim Europäischen Wels (Lebendgewicht 1,5-3,5 kg) ist relativ hoch und beträgt rund 90-92 %, wobei etwa 60-61 % essbare Teile sind (Schwanzstück 28 %, Rückenstück 20 %, Bauchlappen 10-11 % und Kopfmuskulatur 2 %) und der Rest auf nicht verwertbare Teile entfällt (Kopf 25 %, Organe und Blut 8 %, Wirbelsäule und Rippen 3-4 % und Flossen und Flossenträger 2-3 %). Die Ausbeute (ohne Kopf und Eingeweide) hängt allerdings auch von der Fischgröße und vom Geschlecht ab und schwankt von 63 % bei Welsen unter 1 kg bis zu 71 % bei Welsen über 9 kg Lebendgewicht. Das Karbonadenstück des Rumpfes beträgt etwa 70 %, nach dem Pökeln rund 65 % und nach dem Räuchern noch ca. 55 %. Vom lebend frischen Fisch gerechnet beträgt das Filetgewicht mit Haut ca. 52-54 % und das Filetgewicht ohne Haut ca. 42-44 %.
Beim Europäischen Wels wachsen die Männchen anfangs auch etwas schneller als die Weibchen und haben einen (bis 1 %) geringeren Kopfanteil. Mit einer Größe von 1,8-2,7 kg sind sie daher im Durchschnitt um 17 % schwerer und 6 % länger, und haben eine um 19 % höhere Schlacht- und 21 % höhere Filetausbeute als die Weibchen.

Getrocknete Welse (*Ompok* sp.) auf einem Fischmarkt (Mekong). (Foto: M. Hochleithner)

Geräucherte Welse (*Phalacronotus* sp.) auf einem Fischmarkt. (Foto: M. Hochleithner)

Das weiße Fleisch der Welse ist wohlschmeckend und grätenarm, es eignet sich zum Kochen und Dünsten ebenso wie zum Braten und Backen. Abschnitte wie Kopf (ohne Kiemen), Flossen, Haut und Skelett eignen sich hervorragend für die Herstellung von Suppen und Saucen. Im direkten Vergleich mit Amerikanischen (*Ictalurus* sp.) und Afrikanischen (*Clarias* sp.) Welsen und drei Zubereitungsarten (gekocht, gebacken und geräuchert), schnitt der Europäische Wels geschmacklich am besten ab.
In anderen Ländern, vor allem in Süd- und Südost-Asien (von Indien über Indochina bis Indonesien) werden Eurasische Welse, vor allem die kleineren Arten (*Ompok* und *Phalacronotus* spp.), oft auch in der Luft getrocknet oder mit Holz geräuchert. Gelegentlich werden diese Welse, wie viele andere kleine Fische, auch mariniert oder eingelegt, zu Fischsaucen verarbeitet und auf lokalen Märkten angeboten.
Beim Europäischen Wels liegen der Eiweißgehalt im Fleisch bei 15-19 % und der Fettgehalt, je nach Filetteil, Nahrung, Jahreszeit und Größe der Fische bei 3-30 %, im Durchschnitt bei etwa 10-12 %. Der Depotfettgehalt unter der Haut nimmt vom Kopf zum Schwanz meist zu, daher hat den höchsten Fettanteil üblicherweise das Schwanzstück.
Die langkettigen n-3- und n-6-Fettsäuren (ca. 20-23 und 11-14 %) spielen dabei eine besondere Rolle in der menschlichen Ernährung und sind in der Lage, Herz-Kreislauf-Erkrankungen vorzubeugen und zu heilen. Reichliche Zufuhr an diesen hochungesättigten Fettsäuren kann den Gesamtfettgehalt im Blutserum verringern, den Blutdruck senken und somit die Gefahr eines Herzinfarktes reduzieren. Als minimale bzw. optimale Bedarfswerte an diesen Fettsäuren gelten 100-200 bzw. 300-400 mg pro Tag oder 0,1-0,2 bzw. 0,3-0,4 % der Nahrungsenergie.

ANHANG

Rezepte

für jeweils 4 Personen

SUPPEN:

Klare Tomatensuppe mit Welsstreifen

Zutaten	Zubereitung
0,20 kg Welsfilet 0,50 l Fischfond 1 Dose Tomatenconcasse 0,125 l Weißwein 1 Zwiebel 1 Knoblauchzehe 1 Peperoni Ingwer Salz und Pfeffer 4 EL Olivenöl 2 EL Tomatenmark 1 EL Mehl Zitrone Basilikum	Die feinwürfelig gehackte Zwiebel und Knoblauch anlaufen lassen, mit Wein kurz verkochen lassen und den Fond, Tomaten, Tomatenmark, gehackte Peperoni und geriebenen Ingwer damit erhitzen und abschmecken. Das Filet in fingerdicke Streifen schneiden, mit Zitrone, Salz und Pfeffer würzen, im Mehl wälzen und kurz braten. Die Suppe in Teller anrichten, die Fischstreifen dazugeben und mit Basilikum garnieren.

Welssuppe mit Gemüse

Zutaten	Zubereitung
0,20 kg Welsfleisch 0,75 l Fischfond (aus Karkassen od. Glas) 2 Karotten 2 Stiele Stangensellerie 1 Jungzwiebel 0,10 kg Erbsenschoten 0,25 l Sahne 0,25 l Wein Salz und Pfeffer Zitrone 1/2 Säckchen Safran 1 EL Maisstärke	Das in breite Streifen geschnittene Fleisch mit Salz, Pfeffer und Zitrone marinieren. Suppe mit Wein aufkochen, das streichholzdünn geschnittene Gemüse ca. 2 Minuten kochen, Maisstärke mit Sahne verrühren und die Suppe damit binden. Die Fischstreifen ca. 2 Minuten in der Suppe ziehen lassen und die Safranfäden einstreuen.

VORSPEISEN:

Welsparfait

Zutaten	Zubereitung
0,40 kg Welsfilet 0,20 kg Lachsfilet 0,40 l Sahne 3 Eiklar Salz und Pfeffer Zitrone Petersilie Butter	Die Filets in Stücke teilen und getrennt mit Salz, Pfeffer und Zitrone gewürzt kalt stellen. Eine kleine Kastenform ausbuttern. Welsfleisch mit 0,30 l Obers und 2 Eiklar mixen, Petersilie unterheben, die Hälfte davon in die Form geben. Lachsfleisch mit 0,10 l Sahne und 1 Eiklar mixen, auf die Welsfarce streichen und mit der restlichen Welsfarce bedecken. Mit Folie abdecken und bei 130 °C im Wasserbad ca. 1 h pochieren. Erkaltet mit Radicchioblättern und Dill-Senfsauce servieren. Sauce: Halber Becher Joghurt und halber Becher saure Sahne mit 1 EL Senf, Salz und Pfeffer, 1 Spritzer Zitronensaft und Dill mischen.

Saltimbocca vom Wels

Zutaten	Zubereitung
4 Welsmedaillon á 0,1 kg 8 Salbeiblätter 2 Scheib. Parmaschinken 2 EL Öl 0,10 kg Rucola 0,10 kg Kirschtomaten 8 Stangen Spargel 4 EL Essig 4 EL Olivenöl Salz und Pfeffer Zitrone	Die Medaillons quer tief einschneiden, mit je 2 Salbeiblättern und einer halben Scheibe Schinken belegen, zustecken, salzen, pfeffern und mit Zitrone marinieren. Inzwischen Rucola waschen und auf Teller verteilen. Spargel schälen, kurz kochen und über Kreuz auf den Salat legen, mit den halbierten Tomaten garnieren und der Essig-Ölmarinade übergießen. Die Medaillon in 2 EL Öl braten und auf dem Salat anrichten.

Tortelett mit Wels

Zutaten	Zubereitung
0,30 kg Welsfilet 0,15 kg Mehl 0,10 kg Butter 3 Eier 4 Jungzwiebeln 0,125 l Sauerrahm 1 Becher Joghurt 3 EL Mayonnaise Kräuter Salz und Pfeffer Muskat Zitrone	Aus Mehl, Butter Salz und 1 Dotter einen Mürbteig machen und ½ Stunde rasten lassen. Filet in kleine Würfel schneiden, mit Salz, Pfeffer und Zitrone marinieren. Mit dem Teig 4 Tortelettförmchen auslegen und ca. 10 min. blind backen. Fisch und die fein geschnittenen Jungzwiebel darauf verteilen. Sauerrahm mit den restlichen Eiern Salz und Muskat verquirlen und darüber gießen. Bei 180 °C ca. 20 min. backen. Mit Kräutersauce servieren: Joghurt, Mayonnaise, Salz und Kräuter verrühren.

HAUPTSPEISEN:

Gefüllter Wels

Zutaten	Zubereitung
1 Wels ca. 1,50 kg 0,30 kg Fischfleisch (Lachs, Hecht, Brachse) 1 Becher Crème fraîche 1 Ei Salz und Pfeffer Zitrone Dill 2 Paprika (rot und grün) 0,10 kg Kartoffel 0,125 l Fischfond 0,125 l Weißwein 2 Dotter Estragon	Den Wels mit Zitrone, Salz und Pfeffer würzen. Die Kartoffel schälen, kochen, pressen und kalt werden lassen. Das Fischfleisch mit Crème fraîche, 1 Ei, 2 Klar, Salz und Pfeffer und Zitronensaft cuttern, Kartoffel, Dill und feingewürfelten Paprika unterheben und den Fisch füllen. Im Bratschlauch ca. 30 Minuten bei 180 °C braten. Fond, Wein und Saft aus dem Schlauch auf 1/8 l reduzieren, mit 2 Dotter über Dampf aufschlagen und mit Estragon würzen, zum Fisch servieren.

Welskotelett mit Krensauce

Zutaten	Zubereitung
0,80 kg Welskotelett 2 Zwiebeln 1 Knoblauchzehe 1 EL Butter 0,25 l Weißwein 0,25 l Fischfond 0,25 l Sahne Salz und Pfeffer Zitrone Kren	In einer Pfanne mit heißer Butter die Koteletts anbraten, Zwiebel- und Knoblauchscheiben dazu geben, wenden, Zitronensaft und geriebene Schale dazugeben und mit Wein und Fond ca. 7 Minuten leicht köcheln lassen. Den Saft abseihen, auf 1/4 l reduzieren, mit der Sahne nochmals reduzieren und den geriebenen Kren untermischen.

Wels mit Kartoffelkruste

Zutaten	Zubereitung
0,80 kg Wels in Scheiben 1 Becher Crème fraîche 0,25 kg Kartoffel 2 Eier Salz und Pfeffer Zitrone Petersilie Butter	Welsscheiben in eine ausgebutterte Form geben, Crème fraîche mit der Petersilie verrühren und die Scheiben damit bestreichen. Kartoffel schälen, grob reiben, salzen und pfeffern, etwas auspressen und mit den Eiern verrühren, auf den Scheiben verteilen. Bei 220 °C ca. 20 Minuten gratinieren. Dazu passt gut Mangold in Butter gedünstet und mit gerösteten Pinienkernen bestreut.

Welscurry

Zutaten	Zubereitung
0,60 kg Wels 3 EL Olivenöl 2 große Zwiebeln 2 Knoblauchzehen 2 EL Curry 1 Becher Crème fraîche 0,25 l Weißwein 2 EL Mandelblättchen Salz 1 Zweig Currykraut	Zwiebeln und Knoblauch in Scheiben schneiden und in Öl anbraten, dann den würfelig geschnittenen Wels kurz mitbraten, mit Curry und Salz würzen, mit Wein aufgießen und ca. 8 Minuten langsam köcheln. Crème fraîche einrühren, Currykrautblättchen abzupfen und untermischen und mit den goldbraun gerösteten Mandelblättchen bestreuen. Gut passt Wildreis und Salat dazu.

Wels im Wurzelsud

Zutaten	Zubereitung
0,80 kg Wels in Scheiben 1 Zwiebel 1 Knoblauchzehe 0,60 kg Wurzelgemüse (Karotten, Lauch, Sellerie) 1 Bund Gewürzkräuter (Lorbeer, Thymian, Pfefferkörner) 0,25 l Weißwein 0,25 l Fischfond 0,25 l Sahne 2 Dotter Kren Salz und Pfeffer	Das feingeschnittene Wurzelgemüse mit den Gewürzen, dem Wein und Fond ca. 5 Minuten kochen, dann Hitze reduzieren und den Wels dazugeben, noch ca. 10 Minuten leicht sieden lassen. 1/8 l vom Wurzelsud mit Sahne und Dotter im Wasserbad schaumig aufschlagen, eventuell noch Salz und Pfeffer und den geriebenen Kren einrühren. Sauce auf Teller geben, Fisch draufsetzen und mit Gemüse bedecken. Dazu passen gut Kümmel- oder Salzkartoffel.

Wels in Alufolie

Zutaten	Zubereitung
4 Welsfilets (á ca. 0,2 kg) 1 Zwiebel 4 Blatt Mangold 0,30 kg Champignon Petersilie 2 Limetten Petersilie 0,04 kg Butter Salz und Pfeffer	Alufolie mit Butter bestreichen und auf 4 Teile teilen. Mangoldblätter ohne Stiele blanchieren, auf je 1 Folie legen. Zwiebel in Butter anrösten, blättrig geschnittene Champignon mitrösten, Petersilie untermischen, salzen und pfeffern und auf dem Mangold auftragen. Darauf die Filets, mit Salz und Pfeffer würzen und mit Limettenscheiben belegen. Folie zu Päckchen formen und bei 180 °C ca. 15-20 min. backen. Wenn man dazu Kartoffelgratin serviert, kann man die Päckchen ca. 40 min. nach dem Gratin ins Backrohr schieben.

Entwicklung

Embryonalentwicklung von *Silurus glanis*:

(Nach: Mihálik, 1982)

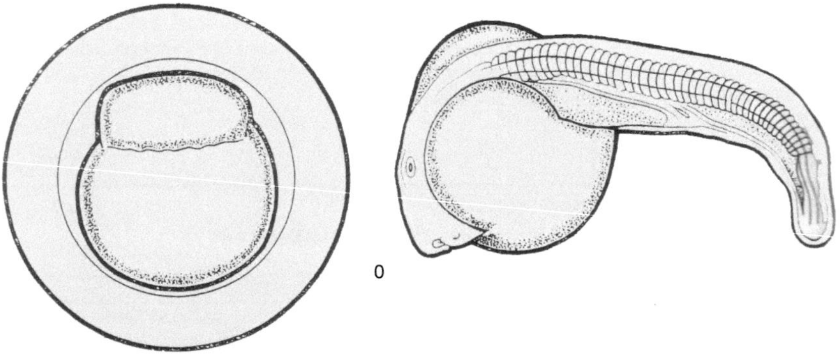

0

0 - Ei (4,0 mm) und Embryo (5,4 mm)

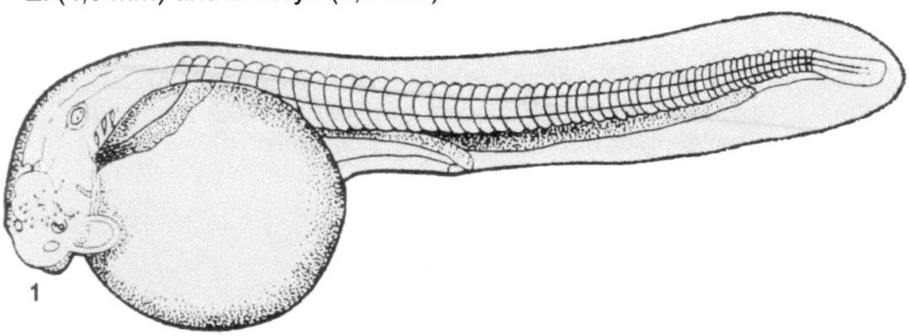

1

1 - Frischgeschlüpfte Larve (6,4 mm)

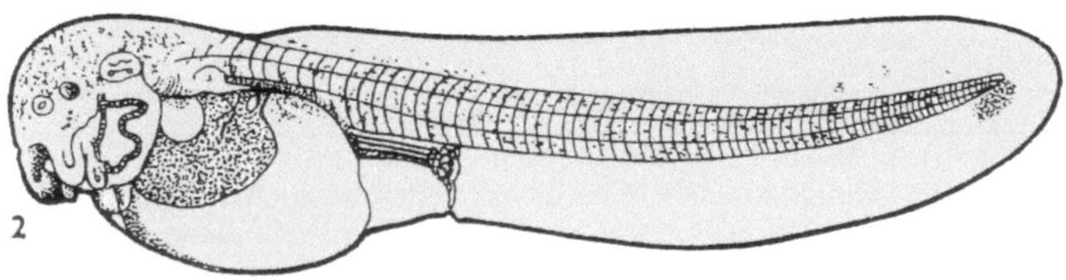

2

2 - Dottersacklarve (7,4 mm)

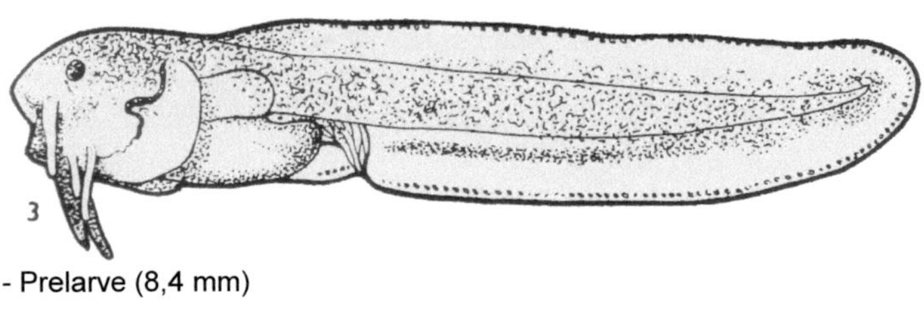

3

3 - Prelarve (8,4 mm)

Larvenentwicklung von *Belodontichthys truncatus*:
(Nach: Termvidchakorn et Hortle, 2013)

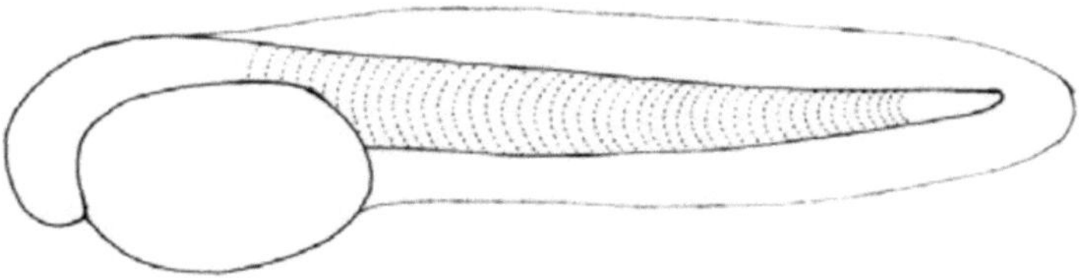

0 Tage - Frischgeschlüpfte Larve (5,8 mm)

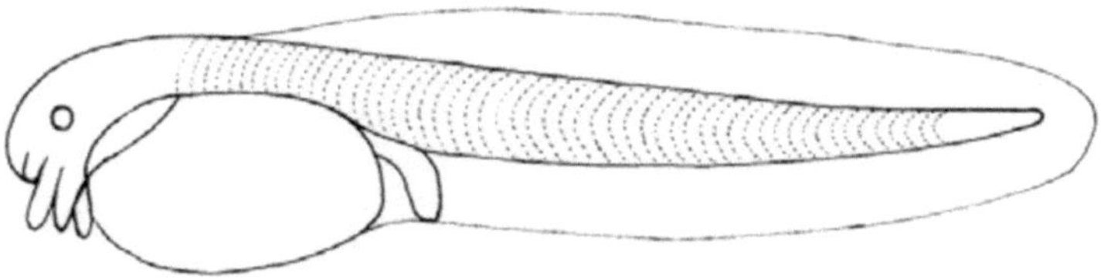

½ Tage - Dottersacklarve (6,3 mm)

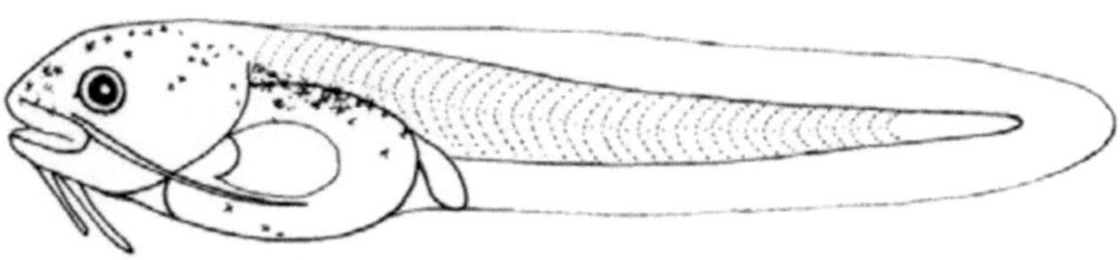

2 Tage - Prelarve (6,9 mm)

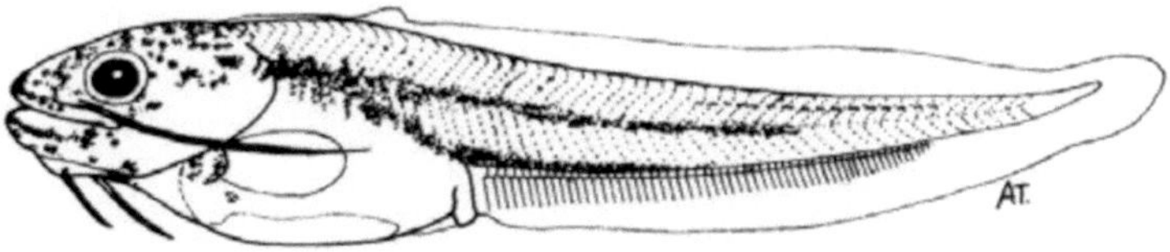

7 Tage - Postlarve (10,8 mm)

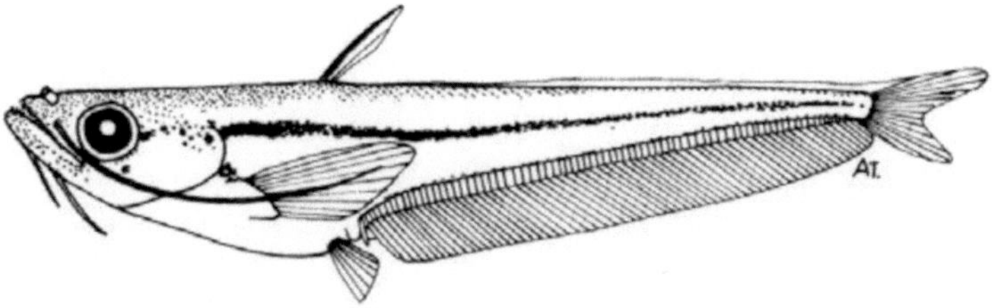

40 Tage - Juvenil (24,9 mm)

Larvenentwicklung von *Phalacronotus bleekeri*:

(Nach: Termvidchakorn et Hortle, 2013)

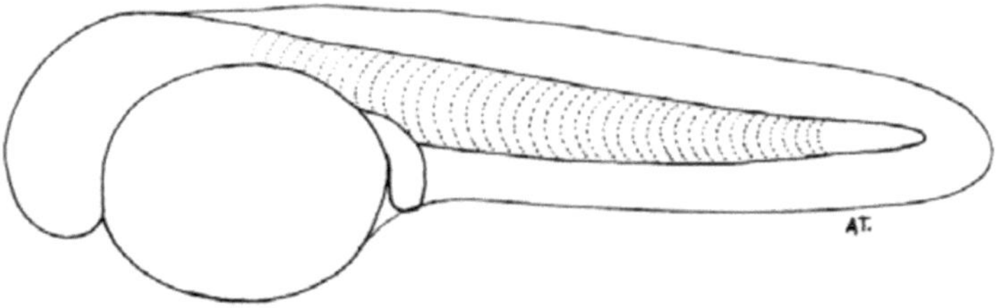

0 Tage - Frischgeschlüpfte Larve (4,2 mm)

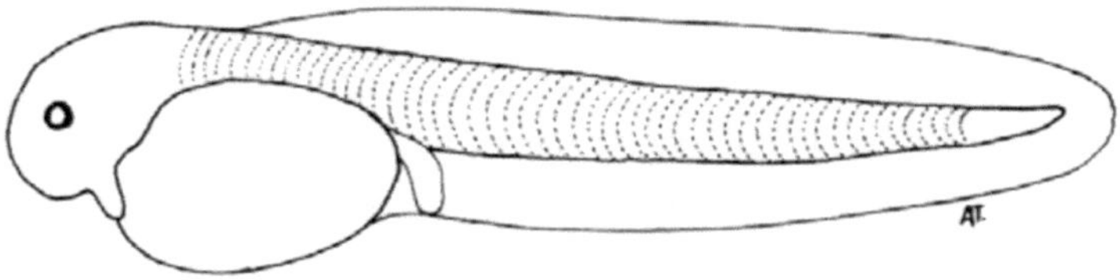

1 Tage - Dottersacklarve (4,4 mm)

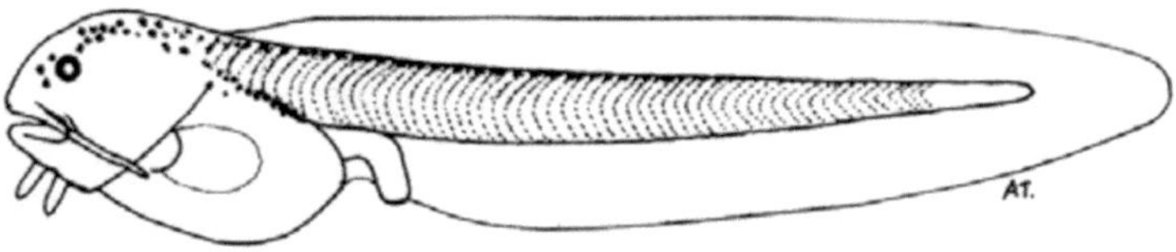

2 Tage - Prelarve (5,5 mm)

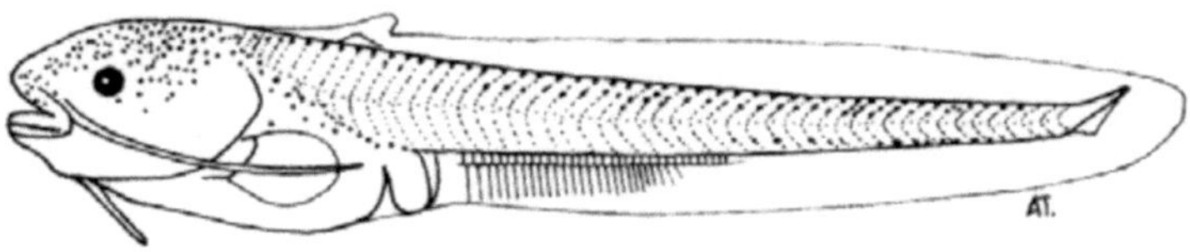

7 Tage - Postlarve (8,5 mm)

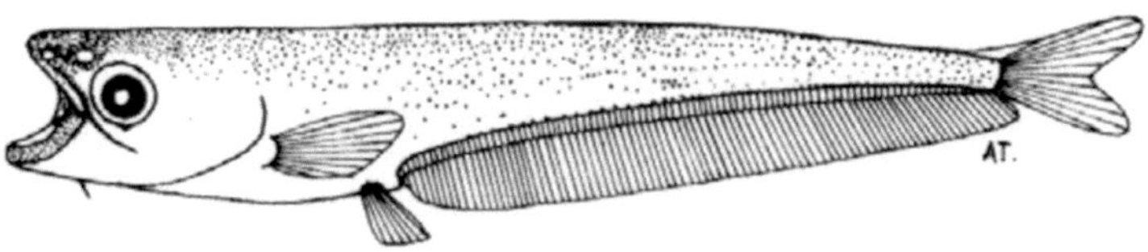

40 Tage - Juvenil (44,2 mm)

Larvenentwicklung von *Wallago micropogon*:

(Nach: Termvidchakorn et Hortle, 2013)

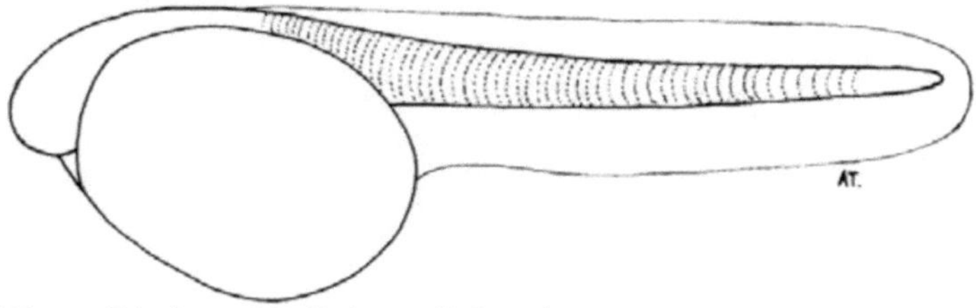

0 Tage - Frischgeschlüpfte Larve (4,6 mm)

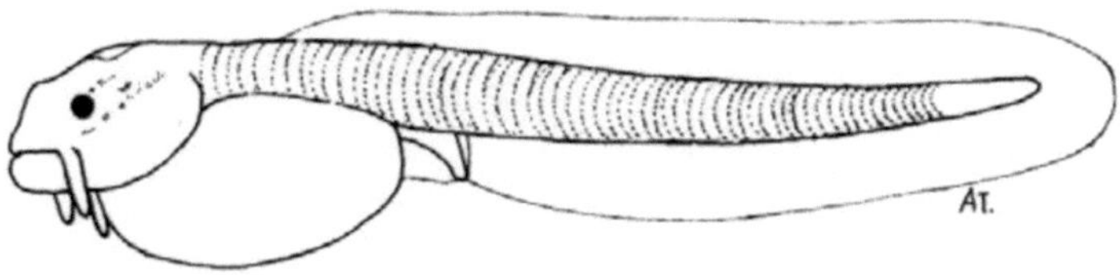

½ Tage - Dottersacklarve (6,4 mm)

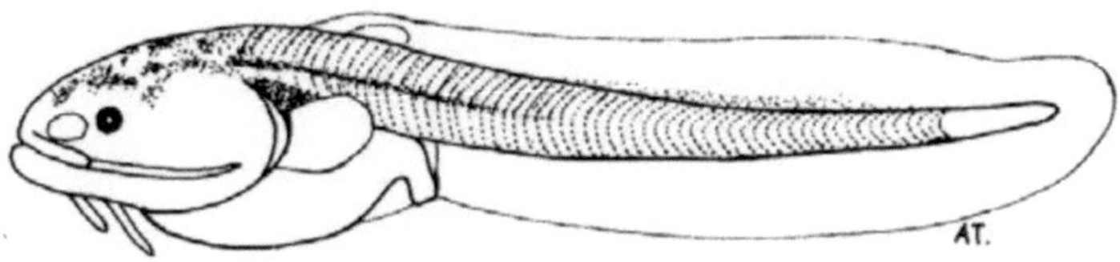

2 Tage - Prelarve (8,3 mm)

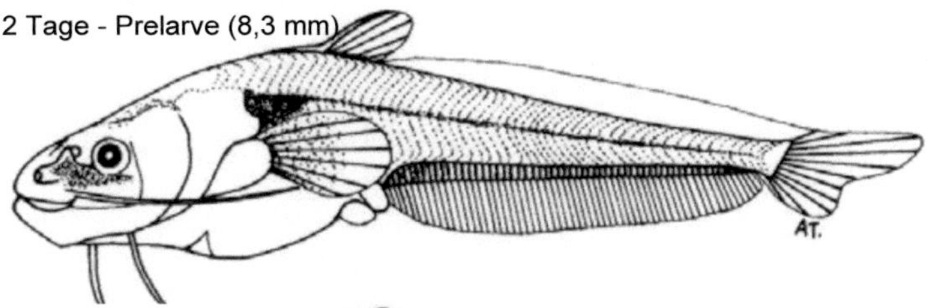

7 Tage - Postlarve (17,7 mm)

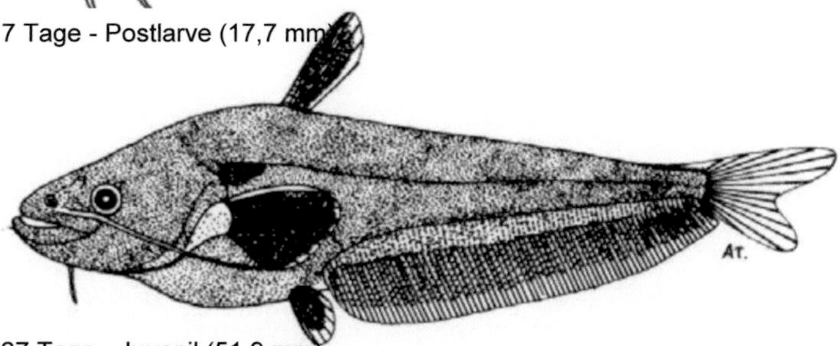

27 Tage - Juvenil (51,9 mm)

Krankheiten

Viren (Vira):
Dies sind in Zellen vorkommende (intrazelluläre), submikroskopische Parasiten, die entweder Ribonukleinsäure (RNS) oder Desoxyribonukleinsäure (DNS) aufweisen und über eine Schutzhülle verfügen, die nur aus Proteinen besteht oder sich aus Proteinen und Lipid- oder Kohlenhydratbestandteilen zusammensetzt. Innerhalb lebender Zellen können sie sich sehr zahlreich vermehren und dabei ihren Wirt stark schädigen.

Bakterien (Bacteria):
Dies sind mikroskopisch kleine, einzellige Organismen ohne echten, klar umrissenen Zellkern, die sich im Allgemeinen durch Zellteilung vermehren. Einige Bakterien (Prokaryonten) können, vor allem unter intensiven Haltungsbedingungen, zu Erkrankungen führen (*Aeromonas, Pseudomonas, Cytophaga, Enterobacter, Flexibacter, Mycobacterium*).

Pilze (Fungi):
Dies sind chlorophyllfreie Organismen mit heterotropher Ernährung, die sich durch Sporen verbreiten und vermehren. Einige Niedere Pilze (Oomycetes) wie die Wasserschimmelpilze (Saprolegniacea) dringen oft in verletzte Hautstellen der Fische oder Eier ein und können daher Verluste verursachen (*Achlya, Aphanomyces, Dictyuchus, Leptolegnia, Leptomitus, Pythiopsis, Saprolegnia*).

Einzeller (Protozoa):
Dies sind einzellige Tiere, die kaum oder gar nicht zu Gewebesystemen differenziert sind. Einige Klassen können vor allem bei schlechten Umweltbedingungen Erkrankungen hervorrufen, wie Geiseltierchen (Flagellata), Wimpertierchen (Ciliata), Sporentierchen (Sporozoa), Myxotierchen (Myxozoa).

Vielzeller (Metazoa):
Dies sind mehrzellige Tiere, die ihre Energie durch die Verdauung von Nährstoffen gewinnen und deren Zellen zu Geweben organisiert sind. Einige Klassen können Erkrankungen hervorrufen, indem sie in oder auf anderen Organismen parasitieren. Meist ist das Verhältnis Parasit zu Wirt ausgeglichen und die Parasiten schädigen den Wirt nicht zu sehr. Bei Massenbefall sind jedoch auch Schädigungen und Verluste möglich. Je nach Befall werden Innen- und Außenparasiten unterschieden.

INNENPARASITEN (Endoparasiten):

Plattwürmer (Plathelminthes):

Saugwürmer (Trematoda) haben an ihrer Unterseite, zumeist in der Nähe des vorderen Körperendes eine Mundöffnung und befallen die Körperorgane. Die Monogenea haben keinen Wirtswechsel und die Entwicklung erfolgt direkt am Endwirt. Die Digenea benötigen ein oder zwei Zwischenwirte, wobei der erste Zwischenwirt stets ein Weichtier (Muschel oder Schnecke) ist. Der Endwirt, in dem die Parasiten geschlechtsreif werden, ist ein Wirbeltier (Fische, Amphibien, Reptilien, Vögel oder Säugetiere). Meist sind es die Larven der Parasiten, die Erkrankungen bei den Fischen verursachen. Die meisten Arten sind Zwitter und sehr wirtsspezifisch.

Bandwürmer (Cestoda) sind ebenfalls Zwitter und kommen als adulte Parasiten im Verdauungstrakt der Endwirte (Wirbeltiere) vor. Sie haben keinen Darm und sind durch das Vorhandensein eines Kopfes (Scolex) gekennzeichnet, der zur Verankerung an der Darmwand des Wirtes mit einer Krone aus Häkchen, Sauggruben oder Saugnäpfen ausgestattet ist. Die Nahrungsaufnahme erfolgt über die gesamte gegliederte Körperoberfläche. Als Larven benötigen sie einen oder mehrere Zwischenwirte, meist andere Wirbeltiere oder Gliedertiere (Insekten, Krebse) und enzystieren oft in den Inneren Organen (Leber, Gehirn) oder Muskulatur der Zwischenwirte.

Rundwürmer (Nemathelminthes):

Fadenwürmer (Nematoda) sind zylindrische, spitz zulaufende Würmer mit einfachem Körperbau. Sie besitzen eine widerstandsfähige, muskulöse Außenhaut (Cuticula), die im Verlauf des Lebens viermal gehäutet wird. In ihrem Inneren befindet sich ein Darmrohr, dazwischen liegen flüssigkeitsgefüllte Hohlräume (Pseudocoel). Ihr Körper wird durch den Druck der Körperflüssigkeit gestützt (Hydroskelett). Sie sind getrenntgeschlechtlich, wobei die Weibchen meist bedeutend größer als die Männchen sind, und ernähren sich in der Regel durch Einsaugen von Flüssigkeiten oder die Aufnahme kleiner, weicher Nährstoffteilchen.

Kratzer (Acanthocephala) sind getrenntgeschlechtlich, sie besitzen weder Darm noch Blutkreislaufsystem und nehmen sämtliche Nährstoffe über die Körperwände auf. Sie haben am Kopf ein mit Haken besetztes, rückziehbares Halteorgan mit dem sie sich im Darm von Wirbeltieren festsetzen. Sie benötigen ein bis zwei Zwischenwirte. Die Eier werden mit dem Kot des Wirtes ausgeschieden und von Wirbellosen aufgenommen, in deren Gewebe sich die Larven einbohren.

AUßENPARASITEN (Ektoparasiten):

Plattwürmer (Plathelminthes):

Hakenwürmer (Monogena) heften sich mit Hilfe muskulärer Haftscheiben, die oft Haken besitzen, an ihren Wirt und befallen die Haut, Flossen und Kiemen. Sie haben einen direkten Lebenszyklus mit nur einem Wirt. Alle Plattwürmer sind einfach gebaut, sie haben weder After noch Blutkreislauf, aber bereits echte Organe und sind Zwitter.
Strudelwürmer (Turbellaria) sind frei lebend und keine echten Parasiten, sie können jedoch gelegentlich abgelegte Eier aussaugen.

Ringelwürmer (Annelida):

Einige Egel (Hirudinea) befallen die Haut oder Kiemen der Fische und ernähren sich vom Blut der Wirte. Egel sind abgeflachte, geringelte Würmer, die sowohl am Vorder- als auch am Hinterende mit je einer Saugscheibe ausgestattet sind. Sie sind Zwitter, wobei die Fortpflanzung meist mit einer Kopulation verbunden ist, bei der Sperma wechselseitig übertragen wird. Die Vermehrung der Parasiten erfolgt dabei nicht am Wirt, sondern am Boden, wo die zahlreichen Kokons meist an Steinen abgelegt werden.

Weichtiere (Mollusca):

Von den Muscheln (Bivalvia) sind manche Blattkiemer (Eulamellibranchiata) als Larven parasitär und enzystieren auf der Haut oder den Kiemen von Fischen. Dabei sind die Larven (Glochidien) oft sehr wirtsspezifisch.

Gliederfüßer (Arthropoda):

Einige Krebstiere (Crustacea), wie Ruderfußkrebse (Copepoda), Fischläuse (Branchiura) und Fischasseln (Isopoda) befallen die Haut oder Kiemen der Fische und ernähren sich vom Blut der Wirte. Bei den Ruderfußkrebsen sind oft nur die Weibchen parasitär. Bei den Fischläusen sind alle Stadien parasitär und können freischwimmend von Wirt zu Wirt wandern.
Wenige Spinnentiere (Arachnida), wie Milben (Acarina) befallen als Larven gelegentlich die Kiemen der Fische und wurden vor allem in Kreislaufanlagen gefunden. Die parasitären Larven entwickeln sich zu inaktiven sechsbeinigen Nymphen (Nymphophan) die vom Wirt brechen und sich nach einer aktiven freischwimmenden Phase an Vegetation heften, zu Puppen (Teleiophan) entwickeln, woraus sich das frei lebende geschlechtsreife achtbeinige Tier entwickelt.

Die häufigsten Parasiten des Europäischen Welses (*S. glanis*):

(Nach: Masoumian et al., 2005; Mihálik, 1982; Reichenbach-Klinke et al., 1980; Steffens et al., 1981; Sobecka et al., 2010)

PROTOZOA (Einzeller)

***CILIATA* (Wimpertierchen):**

Capriniana piscium
Chilodonella cyprini, C. piscicola
Ichthyophthirius multifiliis
Trichodina meridionalis, T. perforata, T. siluri

***FLAGELLATA* (Geißeltierchen):**

Cryptobia ninae
Trypanosoma markewitschi

***MYXOSPORA* (Myxotierchen):**

Henneguya zschokkei
Myxobolus muelleri
Sphaerospora siluri

***SPOROZOA* (Sporentierchen):**

Haemogregarina turkestanika

METAZOA (Vielzeller)

***CESTODA* (Bandwürmer):**

Bothriocephalus acheilognathi, B. gowkongensis (L.)
Triaenophorus crassus, T. lucii, T. nodulus (L.)
Proteocephalus osculatus
Silurotaenia siluri

***MONOGENA* (Hakenwürmer):**

Ancylodiscoides siluri, A. vistulensis
Silurodiscoides magnus

***TREMATODA* (Saugwürmer):**

Aphanurus stossichi
Aspidogaster limacoides
Asymphylodora kubanicum
Azygia lucii
Bucephalus polymorphus
Bunocotyle cingulata
Bunodera luciopercae
Crowcrocoecum skrjabini
Diplostomulum clavatum (L.)
Diplostomum spathaceum (L.)
Neascus cuticula
Orientocreadium pseudobagri, O.siluri
Palaeorchis skrjabini

Phyllodistomum folium, P. petruschewskyi
Posthodiplostomum cuticola (L.)
Sphaerostoma bramae

***NEMATODA* (Fadenwürmer):**
Agamospirura sp. (L.)
Anisakis sp. (L.)
Camallanus lacustris, C. truncatus
Capillaria brevispicula
Contracaecum bidentatum, C. siluri-glanidis (L.)
Cucullanus shpaerocephala
Eustrongylides excisus, E. mergorum (L.)
Gnathostoma sp. (L.)
Goezia ascaroides
Raphidascaris acus
Rhabdochona denudata, R. filamentosa

***ACANTHOCEPHALA* (Kratzer):**
Acanthocephalus anguillae, A. lucii
Corynosoma caspicum, C. strumosum (L.)
Neoechinorhynchus rutili
Pomphorhynchus laevis, P. perforator
Pseudoechinorhynchus clavula

***HIRUDINA* (Egel):**
Cystobranchus fasciatus
Hemiclepsis marginata
Piscicola geometra

***CRUSTACEA* (Krebstiere):**
Argulus foliaceus
Caligus lacustris
Ergasilus sieboldi
Lernaea cyprinacea
Pseudotrancheliastes stellifer

***BIVALVIA* (Muscheln):**
Unio sp. (L.)

***FUNGI* (Pilze):**
Achlya flagellata
Branchiomyces demigrans, B. sanguinis
Ichthyophonus hoferi
Saprolegnia ferax, S. melangaster, S. mixta, S. parasitica

Abkürzungen:
L = Larve;

Von den Einzellern verursacht die Grießkörnchenkrankheit, hervorgerufen von der holotrichen Ciliatenart (*Ichthyophthirius multifiliis*), die höchsten Verluste in der Aquakultur, vor allem bei jungen Welsen. Die 0,2-1,0 mm großen, rundlichen Wimpertierchen schmarotzen in und unter der Oberhaut der Fische und sind oft schon mit bloßem Auge als kleine, weißliche Knötchen erkennbar, die nicht abwischbar sind. Die erwachsenen Parasiten bohren sich durch die Haut nach außen, sinken zu Boden und setzen sich dort an Objekten (Steine, Pflanzen) fest und bilden Zysten mit einer feinen Gallerthülle aus, in der durch ungeschlechtliche Vermehrung (über Vielfachteilungen) innerhalb 7-20 Stunden 200-2.000 birnenförmige, allseitig bewimperte, Schwärmsporen mit einer Größe von 30-50 µm schlüpfen. Die so entstandenen Jungstadien schwimmen lebhaft umher und befallen wiederum Fische, wo sie sich durch rotierende Bewegungen durch die Oberhaut einbohren und in der Unterhaut festsetzen und abkapseln, andernfalls sterben sie innerhalb von 2-3 Tagen ab. Durch rotierende Bewegungen werden vom Parasiten offenbar Epithelteilchen losgelöst, die ihm zusammen mit Körpersäften des Wirtes als Nahrung dienen. Innerhalb von 1-3 Wochen nimmt der Parasit erheblich an Größe zu und wächst zu seiner erwachsenen Größe heran. Der gesamte Lebenszyklus des Parasiten ist von der Wassertemperatur abhängig und beträgt bei 8-9 °C 35-40 Tage bzw. bei 19-20 °C 6-8 Tage. Die optimale Temperatur für die Vermehrung liegt bei etwa 24 °C und ist bei einer Temperatur von unter 3 °C oder über 27 °C nicht mehr möglich. Befallene Fische führen oft heftige Scheuerbewegungen durch und können stark abmagern. Die höchsten Verluste (bis zu 100 %) treten beim Eindringen der neuen Generation von Schwärmsporen auf, wenn die Fische bereits durch die vorherige Generation stark geschädigt sind. Zur Behandlung wurde früher meist Malachitgrün (0,1 g/m^3 für 12-24 h) verwendet, was heute in vielen Ländern verboten ist. Eine Behandlung gegen die Schwärmsporen ist aber auch mit einer 2%igen (NaCl) Kochsalzlösung bzw. besser mit Formaldehyd (36 %ig) 50 ml/m^3 für eine Stunde möglich, wobei die Behandlung alle 2-3 Tage für 3-5 Wochen erfolgen sollte bzw. bis die Fische eine Immunität entwickelten. Auch das Öl des Australischen Teebaums (*Melaleuca alternifolia*) eignet sich (50 mg/m^3 für 4 Tage zu je 1 h) zur Reduktion um etwa 95 %. Alternativ können die Fische in stark fließendem Wasser gehalten werden, wodurch die Schwärmsporen ausgeschwemmt und so eine Neuinfektion durch die nächste Parasitengeneration verhindert wird.

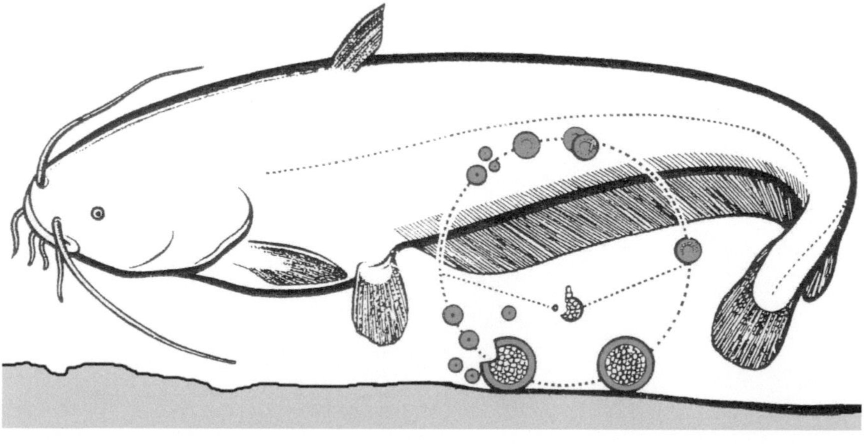

Lebenszyklus von *Ichthyophthirius multifiliis*. (Nach: Mihálik, 1982)

Von den Trematoden wurde der Augensaugwurm (*Diplostomum spathaceum*) in letzter Zeit in der Teichwirtschaft verstärkt gefunden (Erreger des Wurmstars), welcher zur Trübung der Linse und bei starkem Befall zur Erblindung der Fische führen kann. Endwirte des Parasiten sind Wasservögel (Möwen, Pelikane), von denen die Eier mit dem Kot ins Wasser gelangen. Aus den Eiern schlüpfen bewimperte Larven (Miracidium), die aktiv in Wasserschnecken (*Lymnea sp., Radix sp.*) eindringen und sich dort in Sporozysten verwandeln. In der Leber der Schnecke entwickelt sich aus der Sporozyste eine Zerkarie, die die Schnecke verlässt und aktiv - durch die Augen, Kiemen oder Haut - in einen Fisch eindringt. Nach etwa 40-50 Tagen entwickelt sich aus der Zerkarie ein Saugwurm, der über 8 Monate leben kann. Wird nun ein mit Metazerkarien infizierter Fisch von einem Wasservogel gefressen, so wird er in ihm geschlechtsreif. Zur Bekämpfung der Saugwürmer eignet sich die Vernichtung der ersten Zwischenwirte (Schnecken), die mit Natrium-Pentachlorphenolat in einer Dosis von 100 mg/m^3 wirksam abgetötet werden können. Da die Chemikalie auch auf Plankton und Pflanzen sehr toxisch ist und etwa 10 Tage anhält, ist besondere Vorsicht geboten. Alternativ können eventuell die befallenen Fische, durch die einmalige Verfütterung von Droncit in einer Dosis von 5 mg/kg Körpergewicht, behandelt werden. Auch ein Besatz von 20-50 St./ha an Schwarze Amur (*Mylopharygodon piceus*) kann die Schnecken reduzieren.

Lebenszyklus von *Diplostomum spathaceum*. (Nach: Mihálik, 1982)

Adressen

Deutschland:

Fischgesundheitsdienst Bayern, Senator-Gerauerstraße 23, 85586 Poing/Grub
Fischgesundheitsdienst Aulendorf, Löwenbreitestraße 20, 88326 Aulendorf
Fischgesundheitsdienst Stuttgart, Atzenbergstraße 16, 70174 Stuttgart
Fischgesundheitsdienst Freiburg, Am Moosweiher 2, 79108 Freiburg
Fischgesundheitsdienst Heidelberg, Czernyring 22, 69115 Heidelberg
Fischgesundheitsdienst Hessen, Marburgerstraße 54, 35396 Gießen
Fischgesundheitsdienst Nordrhein-Westfalen, Heinsbergerstraße 51, 57399 Kirchhundem
Fischgesundheitsdienst Rheinland-Pfalz, Blücherstraße 34, 56073 Koblenz
Fischgesundheitsdienst Niedersachsen, Eintrachtweg 17, 30173 Hannover
Fischgesundheitsdienst Schleswig-Holstein, Gutenbergstraße 75-77, 24116 Kiel
Fischgesundheitsdienst Sachsen-Anhalt, Haferbreiterweg 132-135, 39576 Stendal
Fischgesundheitsdienst Potsdam, Pappelallee 2, 14469 Potsdam
Fischgesundheitsdienst Sachsen, Berlinerstraße 34, 04105 Leipzig
Fischgesundheitsdienst Cottbus, Schlachthofstraße 18, 03044 Cottbus
Veterinärinstitut Jena, Naumburgerstraße. 96, 07743 Jena
Veterinärinstitut Bad Langensalza, Tennstedterstraße, 99947 Bad Langensalza
Fischdiagnostik Mecklenburg-Vorpommern, Eldenburg 71, 17192 Waren/Müritz
Bayer. Landesanstalt für Fischerei, Weilheimerstraße 8a, 82319 Starnberg
Bayer. Landesanstalt für Wasserforschung, Kaulbachstraße 37, 80539 München
Institut für Binnenfischerei, Müggelseedamm 310, 12587 Berlin
Institut für Meereskunde, Düsternbrooker Weg 20, 24105 Kiel
Bundesforschungsanstalt für Fischerei, Palmaille 9, 22767 Hamburg
Fischereiamt Bremen, Fischkai 31, 27572 Bremerhaven

Österreich:

Bundesamt für Wasserwirtschaft, Scharfling 18, 5310 Mondsee
Institut für Fischkunde, Veterinärplatz 1, 1210 Wien
Institut für Hydrobiologie, Max-Emanuel-Straße 17, 1180 Wien
Institut für Limnologie, Mondseestraße 5, 5310 Mondsee
Institut für Seenforschung, Kirchengasse 43, 9020 Klagenfurt
Institut für Wassergüte, Marxergasse 2, 1030 Wien
Landesfischereizentrum Vorarlberg, Auhafendamm 1, 6971 Hard

Schweiz:

Zentrum für Fisch- und Wildtiermedizin, Lengass-Straße 122, 3001 Bern
Bundesamt für Umwelt, Worblentalstraße 68, 3003 Bern
Bundesamt für Landwirtschaft, Mattenhofstraße 5, 3003 Bern

Niederlande:

Zentraler Fischgesundheitsdienst, Houtribweg 39, 8221 Lelystad
Institut für Fischreiforschung, Haringkade 1, 1970 Ijmuiden
Organisation zur Verbesserung der Binnenfischerei, Buxtehudelaan 1, 3420 Nieuwegein

Autor:

Fischzuchtmeister Martin Hochleithner, Unterbrunnweg 3, A-6370 Kitzbühel, Österreich
Tel: 05356/71399, Fax: 05356/64870, Mobil: 0664/1048297

Andere Arten

in Europa

In Europa werden noch folgende Welsarten anderer Familien (*Ictaluridae* und *Clariidae*) in der Aquakultur produziert und angeboten:

Ameiurus Rafinesque, 1820
Ameiurus melas Rafinesque, 1820. **Schwarzer Zwergwels**

Ameiurus melas. (Foto: M. Hochleithner)

Beschreibung:
Kurze Rückenflosse mit 1 Hart- und 5-6 Weichstrahlen, Afterflosse mit 17-25 Flossenstrahlen, Brustflossen mit 1 Hart- und 7-9 Weichstrahlen, Schwanzflosse schwach gegabelt mit abgerundeten Flossenspitzen, Fettflosse vorhanden, 14-21 Kiemenreusendornen, 35-41 Wirbel.
1 Paar Oberkieferbarteln, 2 Paar Kinnbarteln, und 1 Paar Nasenbarteln deren Länge über 1/3 der Oberkieferbarteln betragen.
Die Oberseite ist schwarzbraun, die Seiten grünbraun und nicht gefleckt und der Bauch ist gelb bis weiß gefärbt. Die Membranen der Flossen sind schwarz und heben sich deutlich von den hellen Flossenstrahlen ab.

Verbreitung:
Das natürliche Verbreitungsgebiet erstreckt sich in Nordamerika vom St. Lorenzstrom und den Großen Seen (ausgenommen Lake Superior), westlich der Appalachen bis zum Golf von Mexiko und östlich der Rocky Mountains bis in den Norden von Mexiko.
Westlich der Rocky Mountains wurde der Schwarze Zwergwels in zahlreiche Gewässer im Süden der USA (wie im Colorado und Gila River) eingebürgert.
Ab den 1880er Jahren wurde er, vor allem als Aquarienfisch, nach Frankreich und Deutschland und von dort später auch nach Italien, Spanien, Holland, Belgien, Ungarn, Jugoslawien, Weißrussland und die Ukraine eingeführt, wo er heute wirtschaftlich von gewisser Bedeutung ist und auch in natürlichen Gewässern vorkommt.

Lebensweise:
Er bevorzugt eher ruhigere Gewässer mit weichem Grund und ist überwiegend nachtaktiv. Gegenüber schlechten Umweltbedingungen ist er toleranter als die anderen Arten dieser Gattung.
Die Geschlechtsreife wird bei beiden Geschlechtern mit einer Größe von etwa 15 cm erreicht.
Die Laichzeit erstreckt sich, je nach Verbreitungsgebiet, von Mai bis Juli bei einer Wassertemperatur von über 21 °C. Zur Eiablage wird vom Weibchen mit Maul, Bauch- und Afterflossen, im Flachwasser mit Wasserpflanzenbewuchs eine flache Mulde zu einem Nest geformt, das im Durchmesser in etwa der Fischlänge entspricht. Anschließend erfolgt paarweise in Etappen die Abgabe der Geschlechtsprodukte, wobei die Fische eng nebeneinander in gegengesetzter Richtung stehen. Die 2-3 mm großen, klebrigen Eier werden den ersten Tag vom Weibchen und anschließend, wie auch die Brut bis zu einer Größe von 2-3 cm, vom Männchen für etwa 2-3 Wochen bewacht. Gelegentlich treten auch Hybriden mit dem Braunen Zwergwels auf.
Die Nahrung besteht anfangs aus Zooplankton und anderen Krebsen, später hauptsächlich aus Insektenlarven, Weichtieren und Würmern, sowie aus Fischen (*Notropis, Perca*). Im Frühjahr werden gelegentlich auch Wasserpflanzen gefressen.
Das Wachstum ist sehr unterschiedlich, generell jedoch relativ langsam. Gelegentlich treten auch verbuttete Bestände auf. Im Durchschnitt erreicht er zum Ende des 1. Jahr 10 cm, 2. Jahr 17 cm, 3. Jahr 24 cm, 4. Jahr 29 cm und 5. Jahr 35 cm Gesamtlänge.
Der Schwarze Zwergwels kann bis zu 0,6 m lang und 3,6 kg schwer werden.

Bedeutung:

Der Schwarze Zwergwels hat in Nordamerika eine mäßige wirtschaftliche Bedeutung. Er ist jedoch ein beliebter Angelfisch und sein Fleisch ist wohlschmeckender als das des Braunen Zwergwelses.

In Europa wird er unter anderem in Italien, Frankreich und Ungarn in Teichen gehalten und vermehrt, wobei die Produktion alleine in Italien im Durchschnitt in den 1970er Jahren bei 905 t, in den 1980er Jahren bei 1.410 t, in den 1990er Jahren bei 1.250 t, und in den 2000er Jahren bei 334 t/Jahr lag.

Eine weitere Art dieser Gattung, die in Europa Anfang der 1900er Jahre unter anderem nach Jugoslawien, Italien und Frankreich eingeführt wurde und gelegentlich in der Aquakultur genutzt wird, ist der Braune Zwergwels (*Ameiurus nebulosus* Lesueur, 1819). Er kommt natürlicherweise ebenfalls in Nordamerika vom St. Lorenzstrom und den Großen Seen (ausgenommen Lake Superior), westlich der Appalachen bis nach Florida und östlich der Rocky Mountains bis zum Mississippi vor und kann unter anderem durch 16 oder weniger Kiemenreusen, die einheitlich grau gefärbten Flossen und die eher gefleckte Körperzeichnung vom Schwarzen Zwergwels unterschieden werden.

Ameiurus nebulosus. (Foto: J. Jensen)

Ictalurus Rafinesque, 1820
Ictalurus punctatus Rafinesque, 1818. **Kanal-Katzenwels**

Ictalurus punctatus. (Foto: M. Hochleithner)

Beschreibung:

Kurze Rückenflosse mit 1 Hart- und 5-6 Weichstrahlen, Afterflosse mit 24-30 Flossenstrahlen, Brustflossen mit 1 Hart- und 8-9 Weichstrahlen, Schwanzflosse stark gegabelt mit spitzen Flossenspitzen, Fettflosse vorhanden, 14-18 Kiemenreusendornen, 47-50 Wirbel.
1 Paar Oberkieferbarteln, 2 Paar Kinnbarteln, und 1 Paar Nasenbarteln deren Länge unter 1/3 der Oberkieferbarteln betragen. Die Männchen bekommen einen muskulöseren Kopf mit dickeren Wangen als die Weibchen, der breiter als der Körper ist.
Die Oberseite ist blaugrau bis grünbraun, die Seiten graubraun bis silbrig und der Bauch ist gelb bis weiß gefärbt. Die Flossen haben meist grauschwarze Ränder. Jungfische bis einer Länge von 30-40 cm haben an den Seiten grünbraune bis schwarze Punkte, die kleiner als die Pupille sind. Die Männchen sind an der Unterseite des Kopfes und Bauches meist grau pigmentiert.

Verbreitung:
Das natürliche Verbreitungsgebiet erstreckt sich in Nordamerika vom St. Lorenzstrom und den Großen Seen (ausgenommen Lake Superior), westlich der Appalachen bis nach Florida und östlich der Rocky Mountains bis in den Norden von Mexiko.
Westlich der Rocky Mountains wurde er in zahlreiche Gewässer im Süden der USA (wie im Colorado und Gila River sowie Sacramento und San Joaquin River) eingebürgert.
In Europa wurde er ab den 1970er Jahren unter anderem in Russland, Jugoslawien, Italien und Frankreich eingeführt. Selbsterhaltende Populationen kommen in Ebro, Po, Don und Kuban vor.

Lebensweise:
Er bevorzugt eher saubere Gewässer mit sandigem Grund, starker Strömung und eine Tiefe von 1-2 m, und kann gelegentlich auch im Brackwasser vorkommen. Er ist überwiegend dämmerungsaktiv.
Die Geschlechtsreife wird mit einem Alter von 2-6 Jahren bei einer Größe von 30-50 cm erreicht. Die Laichzeit erstreckt sich, je nach Verbreitungsgebiet, von April bis Juni bei Wassertemperaturen von 21-29 °C. Zur Laichzeit wird vom Männchen, in Hohlräumen überhängender Ufer oder anderen Verstecken, ein Nest vorbereitet. Die 3-4 mm großen etwa 6.000-10.000 Eier je Kilogramm Körpergewicht sind stark klebrig und werden vom Männchen bewacht und durch Zufächern mit den paarigen Flossen mit Fischwasser versorgt. Die Erbrütung dauert bei einer Wassertemperatur von 24-26 °C etwa 6-7 Tage bzw. bei 18-22 °C etwa 9-10 Tage, oder rund 120 Tagesgrade bis zum Schlupf und weitere 280 Tagesgrade bis zur aktiven Nahrungsaufnahme. Die fressfähigen Brütlinge sind dann etwa 13-14 mm lang. Selten treten auch Hybriden mit dem Flachkopf Katzenwels (*Pylodictis olivaris*) auf.
Die Nahrung besteht hauptsächlich aus Insekten (*Cheumatopsyche*), Krebsen (*Gammarus*), Weichtieren, sowie Fischen (*Hybognathus, Perca*) und gelegentlich auch aus Pflanzen, Samen und Detritus.
Das Wachstum ist je nach Lebensraum sehr unterschiedlich und im Süden generell schneller als im Norden. Die Optimaltemperatur für das Wachstum liegt bei 25-30 °C. Er erreicht im Durchschnitt im 1. Jahr 8-16 cm, im 2. Jahr 17-24 cm, im 3. Jahr 21-29 cm, im 4. Jahr 24-33 cm, im 5. Jahr 27-37 cm, im 6. Jahr 29-40 cm, im 7. Jahr 32-43 cm und im 8. Jahr 46-50 cm Gesamtlänge.
Der Kanal-Katzenwels kann bis zu 1,3 m lang, 34 kg schwer und 24 Jahre alt werden.

Bedeutung:
Der Kanal-Katzenwels hat eine große wirtschaftliche Bedeutung, vor allem in Nordamerika, wo er hauptsächlich in den Südstaaten der USA seit den 1950er Jahren in Teichen produziert wird. Dort wurden im Durchschnitt in den 1960er Jahren 4.525 t, in den 1970er Jahren 23.675 t, in den 1980er Jahren 118.985 t und in den 1990er Jahren 213.730 t/Jahr auf rund 65.000 ha Teichfläche erzeugt. Der Ertrag kann dort bis über 5 t/ha erreichen.
In Kanada (hauptsächlich vom Lake St. Clair und Erie) schwankten die Wildfänge in den 1960er Jahren zwischen einem Maximum von 560 t im Jahr 1964 und einem Minimum von 310 t im Jahr 1966. Er ist auch ein beliebter Angelfisch und sein Fleisch ist wohlschmeckender als das anderer Welse in Nordamerika. In früherer Zeit (bereits vor ca. 3.000 Jahren) wurde der geschliffene Hartstrahl der Brustflosse von der indianischen Bevölkerung als Ahle oder Nadel für die Lederverarbeitung verwendet.
In Europa wird er unter anderem in Italien, Ungarn, Bulgarien und Russland in Teichen oder Warmwasseranlagen vermehrt und aufgezogen, wobei die Produktion in der zweiten Hälfte der 1990er Jahren bei 84 t und in den 2000er Jahren bei 209 t/Jahr lag.

Ictalurus punctatus. (Foto: M. Hochleithner)

Clarias Scopoli, 1777
Clarias gariepinus Burchell, 1822. **Afrikanischer Labyrinthwels**

Clarias gariepinus. (Foto: M. Hochleithner)

Beschreibung:
Lange Rückenflosse mit 61-80 Flossenstrahlen, Afterflosse mit 45-65 Flossenstrahlen, Brustflossen mit 1 Hart- und 9-12 Weichstrahlen, Schwanzflosse gerundet, Fettflosse fehlt, 24-110 lange Kiemenreusendornen, 56-63 Wirbel.

1 Paar Oberkieferbarteln, die kürzer als der Kopf sind, 2 Paar Kinnbarteln, wobei die äußeren länger als die inneren sind, und 1 Paar Nasenbarteln, deren Länge über 1/3 der Oberkieferbarteln betragen. Die Oberseite des Kopfes ist nicht mit Haut bedeckt (ausgenommen bei Jungfischen).

Die Oberseite ist schwarzgrau, die Seiten sind heller, oft braungrün gefleckt, und die Unterseite ist weiß gefärbt. Ab einer Größe von ca. 10 cm befinden sich an der Unterseite des Kopfes zwei schwarzgraue Streifen.

Verbreitung:
Das natürliche Verbreitungsgebiet erstreckt sich über fast ganz Afrika, ausgenommen der Süden (Kapprovinzen) und Nordwesten (Maghreb), sowie über Israel, Jordanien, Libanon und Syrien bis in den Süden von Kleinasien.
Durch künstliche Verbreitung kommt er heute aber auf fast allen Kontinenten vor. In Europa wurde er ab den 1970er Jahren unter anderem nach Holland, Belgien, Deutschland, Italien und Ungarn eingeführt.

Lebensweise:
Er bevorzugt eher ruhigere Gewässer, ist aber gegenüber extremen Umweltbedingungen sehr tolerant und kommt gelegentlich auch im Brackwasser vor. Gestützt auf die starken Brustflossen kann er gelegentlich auch über Land wandern, sowie sich in Trockenzeiten kurz im feuchten Schlamm eingraben und durch das Kiemensackorgan atmosphärische Luft atmen. Er ist überwiegend nachtaktiv.
Die Geschlechtsreife wird mit einem Alter von 1-2 Jahren bei einer Größe von 25-45 cm und einem Gewicht von 0,1-0,9 kg erreicht. Die Laichzeit ist im Norden im Sommerhalbjahr und im Süden im Winterhalbjahr, meist in der Regenzeit bei Hochwasser. Zur Laichzeit wird vom Männchen in Hohlräumen überhängender Ufer oder im Flachwasserbereich ein Nest vorbereitet. Die rund 50.000-100.000 Eier je Kilogramm Körpergewicht mit einem Durchmesser von 1-2 mm sind stark klebrig und werden bei einer Wassertemperatur von 20-30 °C meist in der Nacht abgelegt. Die Eier werden vom Männchen meist nicht bewacht. Die Erbrütungszeit dauert, je nach Wassertemperatur, nur 1-2 Tage (30-40 Tagesgrade). Die frischgeschlüpften Larven sind etwa 5-7 mm lang und 1-3 mg schwer. Nach weiteren 2-3 Tagen erfolgt die aktive Nahrungsaufnahme. Die Optimaltemperatur für das Wachstum liegt bei 25-30 °C.
Die Nahrung besteht hauptsächlich aus Pflanzen (*Crysophyta, Cyanophyta, Chlorophyta*) und Insekten, sowie Weich- (*Assiminia*) und Krebstieren (*Daphnia, Asellus*), Würmern und ab etwa einer Größe von ca. 40 cm auch aus Fischen (*Barbus, Clarias, Haplochromis, Oreochromis, Tilapia, Sarotherodon, Schilbe, Synodontis, Marcusenius*). Gelegentlich werden selbst Kleinvögel gefressen.
Der Labyrinthwels kann bis zu 1,7 m lang, 60 kg schwer und über 10 Jahre alt werden.
Während Streitigkeiten mit Artgenossen kann er sogar schwache elektrische Entladungen mit einer Dauer von 5-260 ms erzeugen.

Bedeutung:
Der Labyrinthwels hat eine große wirtschaftliche Bedeutung, vor allem in Afrika, wo in den 1990er Jahren durchschnittlich 21.185 t/Jahr (85 % in Mali) gefangen wurden und durchschnittlich 4.160 t/Jahr (90 % davon in Nigeria) produziert wurden. Der Ertrag kann dort bis über 10 t/ha Teich erreichen.
Auch in zahlreichen anderen Ländern wie Brasilien, China, Thailand, Indonesien und den Philippinen wird er in der Aquakultur produziert.
In Europa wird er seit Mitte der 1980er Jahre vor allem in Holland, und seit den 2000er Jahren auch in Polen und Ungarn in Warmwasseranlagen vermehrt und bei Besatzdichten von durchschnittlich 150-300 kg/m^3 in 6-8 Monaten zu einem Gewicht von 0,8-1,0 kg aufgezogen. Dabei beträgt die jährliche Produktion 1,0-1,5 t/m^2 Becken. Die Produktion betrug in Europa durchschnittlich in den 1990er Jahren 984 t, und in den 2000er Jahren 5.445 t (65-95 % davon in Holland). Die Produktion wurde zu ca. 70 % als frisches und 10 % als geräuchertes Filet, vor allem in Deutschland (ca. 30 %), Holland (ca. 20 %), England (ca. 10 %), Belgien, Dänemark, Schweiz (je ca. 5 %) und der Rest in anderen Ländern, sowie zu ca. 20 % lebend meist für Angelteiche in Italien, verkauft.
Seit einigen Jahren werden auch Hybriden mit dem Afrikanischen Kiemensackwels (*Heterobranchus longifilis*) erzeugt, die eine höhere Produktivität und Produktqualität als der reine Labyrinthwels aufweisen.

Clarias gariepinus. (Foto: A. Hartl)

Synonyme

Kryptopterus Bleeker, 1857 63

Kryptopterus baramensis Ng, 2002
Cryptopterus limpok Steindachner, 1901
Kryptopterus limpok Fowler, 1905
Kryptopterus mononema Dornbusch, 1995

Kryptopterus bicirrhis Valenciennes, 1840
Silurus bicirrhis Valenciennes, 1840
Kryptopterichthys bicirrhis, Bleeker, 1858
Cryptopterus bicirrhis, Günther, 1864
Cryptopterus bicirris, Volz, 1907

Kryptopterus cheveyi Durand, 1940
Cryptopterus cheveyi Durand, 1940
Kryptopterus moorei Smith, 1945

Kryptopterus cryptopterus Bleeker, 1851
Silurus cryptopterus Bleeker, 1851
Kryptopterus micropus Bleeker, 1858
Cryptopterus micropus Günther, 1864
Kryptopterus cryptopterus Fowler, 1905
Cryptopterus cryptopterus Weber et DeBeaufort, 1913

Kryptopterus dissitus Ng, 2001
Kryptopterus limpok Smith, 1933

Kryptopterus geminus Ng, 2003
Cryptopterus cryptopterus Hora, 1923
Kryptopterus cryptopterus Fowler, 1937

Kryptopterus hesperius Ng, 2002
Kryptopterus limpok Johnsen, 1964

Kryptopterus hexapterus Bleeker, 1851
Silurus hexapterus Bleeker, 1851
Cryptopterus hexapterus Hardenberg, 1931

Kryptopterus lais Bleeker, 1851
Silurus lais Bleeker, 1851
Kryptopterichthys lais Bleeker, 1858
Cryptopterus lais Günther, 1864

Kryptopterus limpok Bleeker, 1852
Silurus limpok Bleeker, 1852
Kryptopterus limpok Bleeker, 1858
Cryptopterus limpok Günther, 1864

Kryptopterus lumholtzi Rendahl, 1922
Cryptopterus lumholtzi Rendahl, 1922
Kryptopterus lumholtzi Rendahl, 1922

Kryptopterus macrocephalus Bleeker, 1858
Kryptopterichthys macrocephalus Bleeker, 1858
Cryptopterus macrocephalus Günther, 1864
Kryptopterus macrocephalus Roberts, 1989

Kryptopterus minor Roberts, 1989

Kryptopterus mononema Bleeker, 1947
Silurus mononema Bleeker, 1847

Kryptopterus palembangensis Bleeker, 1852
Silurus palembangensis Bleeker, 1852
Kryptopterus palembangensis Bleeker, 1858
Cryptopterus bicirrhis Weber et DeBeaufort, 1913

Kryptopterus paraschilbeides Ng, 2003
Cryptopterus schilbeides Chevey et LePoulain, 1940
Cryptopterus schilbeïdes Durand, 1940
Kryptopterus schilbeides Haig, 1952

Kryptopterus piperatus Ng, Wirjoatmodjo et Hadiaty, 2004

Kryptopterus platypogon Ng, 2004

Kryptopterus schilbeides Bleeker, 1858
Hemisilurus schilbeides Bleeker, 1858
Cryptopterus schilbeides Günther, 1864
Kryptopterus schilbeides Roberts, 1989

Kryptopterus vitreolus Ng et Kottelat, 2013

Ompok Lacépède, 1803 66

Ompok argestes Sudasinghe et Meegaskumbura, 2016
Ompok bimaculatus Haig, 1952
Ompok ceylonensis Kottelat et Lim, 1995

Ompok bimaculatus Bloch, 1794
Silurus bimaculatus Bloch, 1794
Silurus canio Hamilton, 1822
Silurus chechra Hamilton, 1822
Silurus duda Hamilton, 1822

Silurus lamghur Heckel, 1838
Callichrus affinis Swainson, 1839
Callichrus nebulosus Swainson, 1839
Silurus microcephalus Valenciennes, 1840
Silurus mysoricus Valenciennes, 1840
Callichrous gangeticus Day, 1877
Callichrous macrophthalmus Day, 1877
Callichrous sindensis Day, 1877
Callichrous bimaculatus Volz, 1904

Ompok binotatus Ng, 2002

Ompok sabanus Roberts, 1989

Ompok ceylonensis Günther, 1864

Callichrous ceylonensis Günther, 1864

Ompok brevirictus Ng et Hadiaty, 2009

Ompok eugeneiatus Vaillant, 1893

Callichrous eugeneiatus Vaillant, 1893
Silurodes eugeneiatus Weber et DeBeaufort, 1912
Ompok eugeneiatus Haig, 1952

Ompok fumidus Tan et Ng, 1996

Callichrous liacanthus Volz, 1904
Callichrous leiacanthus Weber et DeBeaufort, 1913
Ompok leiacanthus Kottelat et al., 1993

Ompok hypophthalmus Bleeker, 1846

Silurus hypophthalmus Bleeker, 1846
Silurus macronema Bleeker, 1851
Silurodes hypophthalmus Bleeker, 1858
Silurodes macronema Bleeker, 1858
Callichrous hypophthalmus Günther, 1864
Callichrous macronema Günther, 1864
Ompok hypophthalmus Haig, 1952

Ompok jaynei Fowler, 1905

Ompok jaynei Fowler, 1905
Callichrous borneensis Steindachner, 1901
Ompok leiacanthus Weber et DeBeaufort, 1913

Ompok leiacanthus Bleeker, 1853

Wallago leiacanthus Bleeker, 1853
Pseudosilurus leiacanthus Bleeker, 1858
Callichrous leiacanthus Bleeker, 1862
Callichrolts liacallthus Günther, 1864
Callichrous liacanthus Volz, 1904

Ompok leiacanthus Weber et DeBeaufort, 1913

Ompok malabaricus Valenciennes, 1840
Silurus malabaricus Valenciennes, 1840
Silurus goae Haig, 1952
Ompok goae Kobayakawa, 1989

Ompok pabda Hamilton, 1822
Silurus pabda Hamilton, 1822

Ompok pabo Hamilton, 1822
Silurus pabo Hamilton, 1822
Ompok karunkodu Ng, 2013

Ompok pinnatus Ng, 2003
Ompok eugeneiatus Dornbusch, 1995

Ompok platyrhynchus Ng et Tan, 2004

Ompok pluriradiatus Ng, 2002
Ompok sabanus Kottelat, 1994

Ompok rhadinurus Ng, 2003
Silurus hijpophthalmus Bleeker, 1854
Silurodes hypophthalmus Bleeker, 1858
Callichrous hypophthalmus Günther, 1864
Callichrous pabda Duncker, 1904
Ompok hypophthalmus Haig, 1952
Ompok bimaculatus Mohsin et al., 1977
Ompok pabda Mohsin et Ambak, 1982

Ompok sabanus Inger et Chin, 1959

Ompok siluroides Lacépède, 1803
Wallago miostoma Vaillant, 1902
Belodontichthys javanensis Hardenberg, 1938
Ompok miostomus Ng et Hadiaty, 2009

Ompok supernus Ng, 2008

Ompok urbaini Fang et Chaux, 1949
Silurodes hypophthalmus Smith, 1933
Cryptopterus urbaini Fang et Chaux, 1949
Ompok hypophthalmus Haig, 1952
Kryptopterus biciccis Kottelat, 1985

Ompok weberi Hardenberg, 1936

Callichrous weberi Hardenberg, 1936
Ompok weberi Haig, 1952
Kryptopterus macrocephalus Kottelat et al., 1993

Phalacronotus apogon Bleeker, 1851

Silurus apogon Bleeker, 1851
Silurus leptonema Bleeker, 1852
Silurus micropogon Bleeker, 1855
Phalacronotus leptonema Bleeker, 1858
Phalacronotus micropogon Bleeker, 1858
Cryptopterus apogon Weber et DeBeaufort, 1913
Kryptopterus apogon Smith, 1933

Phalacronotus bleekeri Günther, 1864

Cryptopterus bleekeri Günther, 1864
Micronema bleekeri Bocourt, 1866

Phalacronotus micronemus Bleeker, 1846

Silurus micronemus Bleeker, 1846
Silurus phalacronotus Bleeker, 1851
Phalacronotus micruropterus Bleeker, 1857
Micronema typus Bleeker, 1858
Kryptopterus deignani Fowler, 1937

Phalacronotus parvanalis Inger et Chin, 1959

Kryptopterus parvanalis Inger et Chin, 1959

Pterocryptis anomala Herre, 1933

Herklotsella anomala Herre, 1933
Silurus wynaadensis Tchang, 1936
Silurus sinensis Hora, 1937
Silurus gilberti Hora, 1938
Silurus cochinchinensis Haig, 1952
Parasilurus anomalus Man et Hodgkiss, 1981

Pterocryptis berdmorei Blyth, 1860

Silurichthys berdmorei Blyth, 1860
Silurichthys leucopodus Wongrat, 1967
Silurus morehensis Arun Kumar et Tombi Singh, 1997
Silurus torrentis Kobayakawa, 1989
Pterocryptis barakensis Vishwanath et Nebeshwar, 2006

Pterocryptis bokorensis Pellegrin et Chevey, 1937
Penesilurus bokorensis Pellegrin et Chevey, 1937

Pterocryptis buccata Ng et Kottelat, 1998

Pterocryptis cochinchinensis Valenciennes, 1840
Silurus cochinchinensis Valenciennes, 1840
Silurus punctatus Day, 1868
Parasilurus cochinchinensis Nichols, 1943

Pterocryptis crenula Ng et Freyhof, 2001

Pterocryptis cucphuongensis Mai, 1978
Silurus cucphuongensis Mai, 1978

Pterocryptis furnessi Fowler, 1905
Apodoglanis furnessi Fowler, 1905

Pterocryptis gangelica Peters, 1861
Silurus afghana Günther, 1864
Silurus dukai Day, 1873

Pterocryptis indicus Datta, Barman et Jayaram, 1987
Kryptopterus indicus Datta, Barman et Jayaram, 1987

Pterocryptis inusitata Ng, 1999
Pterocryptis cochinchinensis Kottelat, 1998

Pterocryptis microdorsalis Mori, 1936
Parasilurus microdorsalis Mori, 1936
Silurus microdorsalis Haig, 1950

Pterocryptis verecunda Ng et Freyhof, 2001

Pterocryptis wynaadensis Day, 1873
Silurus punctatus Day, 1868
Silurus wynaadensis Day, 1873
Pterocryptis berdmorei wynaadensis Day, 1873

Silurichthys Bleeker, 1856 73

Silurichthys citatus Ng et Kottelat, 1997
Silurichthys hasselti Roberts, 1989

Silurichthys gibbiceps Ng et Ng, 1998

Silurichthys hasseltii Bleeker, 1858
Silurichthys phaiosoma Hanitsch, 1901
Silurichthys indragiriensis Herre, 1940
Silurichthys hasselti Alfred, 1961
Silurichthys aff. *schneideri* Ng et Lim, 1994

Silurichthys indragiriensis Volz, 1904
Silurius phaiosoma Bleeker, 1853
Silurichthys phaiosoma Bleeker, 1856
Silurichthys hasseltii Ng, 1993

Silurichthys ligneolus Ng et Tan, 2011

Silurichthys marmoratus Ng et Ng, 1998
Silurichthys hasselti Martens, 1876
Silurichthys hasseltii Vaillant, 1901
Silurichthys schneideri Kottelat et Lim, 1995

Silurichthys phaiosoma Bleeker, 1851
Silurus phaiosoma Bleeker, 1851
Silurichthys phaiosoma Bleeker, 1858
Silurichthys phaeosoma Martens, 1876

Silurichthys sanguineus Roberts, 1989

Silurichthys schneideri Volz, 1904
Silurichthys phaiosoma Smith, 1933
Silurichthys leucopodus Fowler, 1939
Silurichthys hasseltii Srirungroj et Boonyaratpalin, 1971
Silurichthys aff. *schneideri* Kottelat et al., 1992

Silurus Linnaeus, 1758 75

Silurus aristotelis Agassiz, 1856
Glanis aristotelis Agassiz, 1856
Silurus aristotelis Garman, 1890
Parasilurus aristotelis Hoffman et Jordan, 1892
Silurus asotus var. *aristotelis* Tchang, 1936

Silurus asotus Linnaeus, 1758
Silurus inermis Houttuyn, 1782
Silurus dauricus Pallas, 1787
Silurus imberbis Gmelin, 1789
Centranodon japonicus Lacépède, 1803
Silurus punctatus Cantor, 1842
Silurus xanthosteus Richardson, 1845
Silurus sinensis Richardson, 1846

Silurus japonicus Temminck et Schlegel, 1847
Parasilurus japonicus Bleeker, 1862
Silurus cinereus Dabry de Thiersant, 1872
Silurus bedfordi Regan, 1908
Parasilurus asotus Abbott, 1901
Parasilurus cinereus Rendahl, 1928
Parasilurus asotus longus Wu, 1930
Parasilurus asotus var. *longus* Tchang, 1937
Parasilurus asotus asotus Nichols, 1943
Parasilurus asotus bedfordi Nichols, 1943
Parasilurus asotus longus Nichols, 1943

Silurus biwaensis Tomoda, 1961

Parasilurus biwaensis Tomoda, 1961
Silurus biwaensis Sawada, 1984

Silurus burmanensis Thant, 1967

Pterocryptis burmanensis Dornbusch, 1991

Silurus duanensis Hu, Lan et Zhang, 2004

Silurus glanis Linnaeus, 1758

Silurus silurus Wulff, 1765
Silurus glanis var. *aralensis* Kessler, 1872
Silurus glanis morpha *phragmiteti* Berg, 1933

Silurus grahami Regan, 1907

Parasilurus grahami Nichols, 1943
Silurus mento grahami Chen, 1977

Silurus lanzhouensis Chen, 1977

Silurus lithophilus Tomoda, 1961

Parasilurus lithophilus Tomoda, 1961
Silurus lithophilus Sawada, 1984

Silurus mento Regan, 1904

Parasilurus mento Nichols, 1943

Silurus meridionalis Chen, 1977

Silurodon hexanema Kner, 1866
Silurus soldatovi meridionalis Chen, 1977

Silurus soldatovi Nikolsky et Soin, 1948

Silurus glanis Miyadi, 1940
Silurus soldatovi soldatovi Chen, 1977

Literatur

Referenzen:

Alp A., 2017: Diet Shift and Prey Selection of the Native European Catfish, *Silurus glanis*, in a Turkish Reservoir. Limnofish, 3 (1): 15-23.

Alp A., Kara C., Büyükcapar H.M., 2004: Reproductive Biology in a Native European Catfish, *Silurus glanis* L., 1758, Population in Menzelet Reservoir. Turk. J. Vet. Anim. Sci., 28: 613-622.

Babare R.S., Chavan S.P., Kannewad P. , 2013: Gut Content Analysis of *Wallago attu* and *Mystus (Sperata) seenghala* the Common Catfishes from Godavari River System in Maharastra State. Advances in Bioresearch, 4 (2): 123- 128

Berg L.S., 1949: Ryby presnykh vod SSSR i sopredel'nykh stran. Izdatel'stvo Akademii Nauk SSSR, Moskva, Vol. 2, 496 pages.

Bohl M. (Ed.) et al., 1999: Zucht und Produktion von Süßwasserfischen. VerlagsUnion Agrar, Frankfurt am Main. 720 Seiten.

Britz R., Kakkassery F., Raghavan R., 2014: Osteology of *Kryptoglanis shajii,* a stygobitic catfish (Teleostei: Siluriformes) from Peninsular India with a diagnosis of the new family Kryptoglanidae. Ichthyol. Explor. Freshwaters, 24 (3): 193-207.

Britz R., Win T., 2010: Redescription of *Silurus burmanensis* Thant 1967: a *Silurus* not a *Pterocryptis* (Teleostei: Siluriformes: Siluridae). Zootaxa, 2647: 61-68.

Burgess W.E., 1989: An Atlas of Freshwater and Marine Catfishes - A Preliminary Survey of the Siluriformes. T.F.H. Publications. 784 pages.

Chaturvedi C.S., Shukla V.K., Singh R.K., Pandey A.K., 2013: Captive breeding and larval rearing of endangered *Ompok bimaculatus* under controlled condition at Raipur, Chhattisgarah (India). Biochem. Cell. Arch., 13 (1): 133-136.

Dogan Bora N., Gül A., 2004: Feeding Biology of *Silurus glanis* (L., 1758) Living in Hirfanli Dam Lake. Turk. J. Vet. Anim. Sci., 28: 471-479.

Dornbusch A.H., 1995: Phylogenetic relationships within the Eurasian catfish family Siluridae (Pisces: Siluriformes), with comments on generic validities and biogeography. Zoological Journal of the Linnean Society, 115: 1-46.

Ferraris C.J., 2007: Checklist of catfishes, recent and fossil (Osteichthyes: Siluriformes), and catalogue of siluriform primary types. Zootaxa, 1418: 1-628.

Füllner G., Pfeifer M., 1998: Aufzucht von Wels und Schleie in Karpfenteichen. Abschlußbericht zum Forschungsthema: „Aufzucht wirtschaftlich wichtiger Nebenfische in Karpfenteichen". Sächsische Landesanstalt für Landwirtschaft, Dresden. 73 Seiten.

Füllner G., Wirth M., 1997: Der Einfluß der Ernährung auf die Körper- und Fettsäurenzusammensetztung des Europäischen Welses. Fischer & Teichwirt, 48 (7): 282-285.

Geldhauser F., 1988: Reproduktion des Flußwelses. Aufzucht von Welsen in Karpfenteichen. Bayerische Landesanstalt für Fischerei, Starnberg. Jahresbericht.

Gessner C., 1563: Fischbuch. C. Froschower, Zürich. 415 Seiten.

Gupta S., 2015: An Overview on Feeding Habit, Reproductive Biology and Induced Breeding of *Ompok bimaculatus*. European Journal of Biological Sciences 7 (4): 147-153.

Gupta S.K., Jayaram K.C. Hajela K.P., 1981: On a new silurid cat-fish from Uttar Pradesh, India. Journal of the Bombay Natural History Society, 77 (2): 290-291.

Haig J., 1950: Studies on the classification of the catfishes of the oriental and palaearctic family Siluridae. Records of the Indian Museum, 48: 59-116.

Harsányi A., 1987: Welszucht in Teichen. Fischer & Teichwirt, 38 (5): 133-138.

Hess N., 1987: Über den Wels und seinen Fang. Österreichs Fischerei, 40 (8/9): 206-212.

Heymann A., 1990: Intensivzucht des Welses (*Silurus glanis*) in Warmwasser mit Trockenfutter. Zeitschrift für Binnenfischerei DDR, 37 (12): 382-384.

Horváth L., 1976: Welszucht in Karpfenteichwirtschaften. Österreichs Fischerei, 29 (8/9): 125-132.

Hu X.Y., Lan J.H., Zhang C.G., 2004: A new species oft the Genus *duanensis* (Siluriformes, Siluridae) from Guangxi, China. Acta Zootax. Sinica, 29 (3): 586-590.

Jähnichen H., 1992: Richtlinien und Erfahrungen zur Laichfischhaltung und künstlichen Vermehrung von Welsen (*Silurus glanis*) mit Hinweisen zum Anfüttern und Vorstrecken der Brut. Fischer & Teichwirt, 43 (4): 120-123.

Jungwirth M., 1986: Temperatur- und Nahrungsansprüche verschiedener Altersstadien des Welses (*Silurus glanis*, L.) bei Intensivaufzucht. Österreichs Fischerei, 39 (5/6): 174-185.

Kappas I., Vittas S., Pantzartzi C.N., Drosopoulou E., Scouras Z.G., 2016: A Time-Calibrated Mitogenome Phylogeny of Catfish (Teleostei: Siluriformes). PLoS ONE, 11 (12): 1-16.

Kobayakawa M., 1989: Systematic Revision of the Catfish Genus *Silurus*, with Description of a New Species from Thailand and Burma. Japanese J. Ichthyol., 36 (2): 155-186.

Kottelat M., Ng H.H., 1999: *Belodonthichthys truncatus*, a new species of silurid catfish from Indochina. (Teleostei: Siluridae). Ichthyol. Explor. Freshwaters, 10 (4): 387-391.

Kouril J., Linhart O., 1992: Künstliche Vermehrung des Welses (*Silurus glanis*). Fischer & Teichwirt, 43 (6): 212-214.

Linhart O., Proteau J.P., 1993: *Silurus glanis* L.: Market and prospects of development in Europe. In: Kestmont P., Billard R. (Eds.): Aquaculture of Freshwater Species (except Salmonids) - Short communications. EAS Special Publication No. 20: 16-18.

Linhart O., Štěch L., Švarc J., Rodina M., Audebert J.P., Grecu J., Billard R., 2002: The culture of the European catfish, *Silurus glanis*, in the Czech Republic and in France. Aquatic Living Resources, 15: 139-144.

Masoumian M., Pazooki J., Yahyazadeh M., Teymornezhad A., 2005: Protozoan from Fresh Water Fishes from North West of Iran. Iranian Journal of Fish. Science, 4 (2): 31-42.

Matillano J.D., 2002: The Ichthyofauna of Lake Manguao, Taytay, Palawan, Philippines. Annals of Tropical Research, 24 (2): 23-45.

Melotti P., Gennari L., Roncarati A., 1993: *Ictalurus* and other introduced species: Possibilities and prospects in Europe. In: Kestmont P., Billard R. (Eds.): Aquaculture of Freshwater Species (except Salmonids). EAS Special Publication No. 20: 19-20.

Mihálik J., 1982: Der Wels (*Silurus glanis*). Die Neue Brehm-Bücherei. Westarp Wissenschaften, Magdeburg. Band 209, 71 Seiten.

Mishra S.K., Sarkar U.K., Trivedi S.P., Mir J.I., Pal A., 2013: Biological parameters of a silurid catfish *Ompok bimakulatus* (Bloch, 1794) from River Ghaghara, India. Journal of Environmental Biology, 34: 1013-1017.

Ng H.H., 1999: A Review of the Southeast Asian Catfish Genus *Ceratoglanis* (Siluriformes: Siluridae), with the Description of a New Species from Thailand. Proceedings of the California Academy of Science, 51 (9): 385-395.

Ng H.H., 1999: *Pterocryptis inusitata*, a new species of silurid catfish from Laos (Teleostei: Siluriformes). Ichthyol. Explor. Freshwaters, 10 (4): 371-374.

Ng H.H., 2001: *Kryptopterus dissitus*, a new silurid catfish from Indochina (Teleostei, Siluridae). Folia Zool., 50 (3): 197-200.

Ng H.H., 2002: Descriptions of two new species of *Kryptopterus* from Thailand and Borneo in the *K. limpok* species group (Teleostei: Siluridae). Ichthyol. Explor. Freshwaters, 13 (1): 67-72.

Ng H.H., 2002: *Ompok binotatus* and *Ompok pluriradiatus*, two new species of silurid catfish from Borneo (Teleostei: Siluriformes). Ichthyol. Explor. Freshwaters, 13 (1): 25-31.

Ng H.H., 2003: A review of the *Ompok hypophthalmus* group of silurid catfishes with the description of a new species from South-East Asia. Journal of Fish Biol., 62: 1296-1311.

Ng H.H., 2003: *Ompok pinnatus*, a new species of silurid catfish (Teleostei: Siluriformes: Siluridae) from mainland Southeast Asia. Proc. Biol. Soc. Washington, 116 (1): 47-51.

Ng H.H., 2003: *Kryptopterus paraschilbeides*, a New Species of Catfish (Teleostei: Siluridae) from Mainland Southeast Asia. Nat. Hist. J. Chulalongkorn University, 3 (1): 1-8.

Ng H.H., 2003: *Kryptopterus geminus*, a new species of silurid catfish (Teleostei: Siluridae) from mainland Southeast Asia. Zootaxa, 305: 1-11.

Ng H.H., 2004: *Kryptopterus platypogon*, a new silurid catfish (Teleostei: Siluridae) from Borneo. Zootaxa, 398: 1-8.

Ng H.H., 2004: *Wallago micropogon*: A New Species of Silurid Catfish (Teleostei: Siluridae) from Mainland Southeast Asia. Copeia, (1): 92-97.

Ng H.H., 2008: *Ompok supernus*, a new catfish (Teleostei: Siluridae) from Borneo. Zootaxa, 1877: 59-68.

Ng H.H., Chan B.P.L., 2005: Revalidation and redescription of *Pterocryptis anomala* (Herre, 1933), a catfish (Teleostei: Siluridae) from southern China. Zootaxa, 1060: 51-64.

Ng H.H., Freyhof J., 2001: A review of the catfish genus *Pterocryptis* (Siluridae) in Vietnam, with the description of two new species. Journal of Fish Biology, 59: 624-644.

Ng H.H., Hadiaty R.K., 2009: *Ompok brevirictus*, a new catfish (Teleostei: Siluridae) from Sumatra. Zootaxa, 2232: 50-60.

Ng H.H., Kottelat M., 1997: *Silurichthys citatus*, a new species of silurid catfish from western Borneo (Teleostei: Siluriformes). Ichthyol. Explor. Freshwaters, 7 (3): 203-208.

Ng H.H., Kottelat M., 1998: *Pterocryptis buccata*, a new species of catfish from western Thailand (Teleostei: Siluridae) with epigean and hypogean populations. Ichthyological Research, 45: 393-399.

Ng H.H., Kottelat M., 2013: A name for the glass catfish (Teleostei: Siluridae) revisited. Zootaxa, 3640 (2): 299-300.

Ng H.H., Ng P.K.L., 1998: A revision of the South-east Asian catfish genus *Silurichthys*. Journal of Fish Biology, 52: 291-333.

Ng H.H., Siebert D.J., 2002: Rediscovery and rediscription of *Ompok weberi* (Hardenberg, 1936) a poorly-known species of silurid catfish (Teleostei: Siluriformes) from Borneo. The Raffles Bulletin of Zoology, 50 (1): 169-173.

Ng H.H., Tan H.H., 2003: *Ompok platyrhynchus*, a new silurid catfish (Teleostei: Siluridae) from Borneo. Zootaxa, 580: 1-11.

Ng H.H., Tan H.H., 2011: *Silurichthys ligneolus*, a new catfish (Teleostei: Siluridae) from southern Borneo, Indonesia. Zootaxa, 2793: 56-62.

Ng H.H., Wirjoatmodjo S., Hadiaty R.K., 2004: *Kryptopterus piperatus*, a new species of silurid catfish (Teleostei: Siluridae) from northern Sumatra. Ichthyol. Explor. Freshwaters, 15 (1): 91-95.

Nikol'skii G.V., 1961: Special Ichthyology. Israel Program for Scientific Translation, Jerusalem. 538 pages.

Oymak S.A., Solak K., Ünlü E., 2001: Some Biological Characteristics of *Silurus triostegus* Heckel, 1843 from Atatürk Dam Lake (Turkey). Turk. J. Zool., 25: 139-148.

Paschos I., Nathanailides C., Perdikaris C., Tsoumani M., 2004: Comparison of morphology, growth and survival between *Silurus glanis*, *S. aristotelis* and their hybrid during larval and juvenile stages. Aquaculture Research, 35: 97-99.

Piccinini A., Pattini L., 1996: Il siluro - La biologia della specie, le tecniche di pesca e la storia. Ed. A.I., Firenze. 80 pp.

Piesker K., 1992: Die Entwicklung der Welsproduktion in den neuen Bundesländern und das Verfahren der halbkünstlichen Vermehrung. Fischer & Teichwirt, 43 (6): 174-176.

Piesker K., Reich B., 1990: Aufzucht und Fütterung des Europäischen Welses (*Silurus glanis*) in Teichen, Netzkäfigen und Beckenanlagen. Fortschr. Fisch. Wiss., 9: 41-58.

Proteau J.P., Linhart O., 1993: *Silurus glanis* L.: Actual state of the techniques of production. In: Kestmont P., Billard R. (Eds.): Aquaculture of Freshwater Species (except Salmonids) - Short communications. EAS Special Publication No. 20: 12-15.

Rainboth W.J., 1996: Fishes of the Cambodian Mekong. FAO species indentification field guide for fishery purposes. FAO, Rome. 265 pp.

Reichenbach-Klinke H.H. (Ed.) et al., 1980: Krankheiten und Schädigungen der Fische. Gustav Fischer Verlag, Stuttgart. 472 Seiten.

Schäfer J.W., Lehmann J., Mock D., Stürenberg F.J., 1993: Virusinfektion bei europäischen Welsen (*Silurus glanis*) in einer Warmwasseranlage in Nordrhein-Westfalen. Fischer & Teichwirt, 44 (5): 176.

Schäperclaus W., Lukowicz M.v. (Ed.) et al., 1997: Lehrbuch der Teichwirtschaft. Parey Verlag, Berlin. 590 Seiten.

Scott W.B., Crossman E.J., 1973: Freshwater Fishes of Canada. Fisheries Research Board of Canada, Ottawa. Bulletin 184, 966 pages.

Sedlár J., 1987: Kenntnis des Alters und Wachstums des Welses – Aus dem ungarischen Abschnitt des Theißflusses. Fischer & Teichwirt, 38 (9): 286-288.

Shatz, Y., 2000: Fishstat Plus 2.30. Food and Agriculture Organisation, Roma.

Sobecka E., Wierzbicka J., Hałupka M., 2010: A comparative study on the parasite fauna of wels catfish *Silurus glanis* (L.) from a heatedwater-channel fish farm and a natural water body. Bull. Eur. Ass. Fish Pathol., 30 (1): 8-14.

Steffens W. (Ed.) et al., 1981: Moderne Fischwirtschaft. Verlag Neumann - Neudamm, Melsungen. 375 Seiten.

Sudasinghe H., Meegaskumbura M., 2016: *Ompok argestes*, a new species of silurid catfish endemic to Sri Lanka (Teleostei: Siluridae). Zootaxa, 4158 (2): 261-271.

Termvidchakorn A., Hortle K.G., 2013: A guide to larvae and juveniles of some common fish species from the Mekong River Basin. Mekong River Commission, Phnom Penh. Technical Paper No. 38. 234 pages.

Tölg I. (Hrsg.), Horváth L., Tamás G., 1981: Fortschritte in der Teichwirtschaft. Spezielle Methoden. Verlag Paul Parey, Hamburg. 175 Seiten.

Triantafyllidis A., Abatzopoulos T.J., Leonardos J., Guyomard R., 2002: Microsatellite analysis of the genetic population structure of native and translocated Aristotle´s catfish (*Silurus aristotelis*). Aquatic Living Resources, 15: 351-359.

Tripathi S.D., 1996: Present status of breeding and culture of catfishes in South Asia. In: Proteau J.P. Ed. The biology and culture of catfishes. Aquat. living Resour., 9: 219-228.

Tucker C.S., Hargreaves J.A. (Eds.) et al., 2004: Biology and Culture if Channel Catfish. Elsevier, Amsterdam. 676 pages.

Van Trieu N., 2014: The scientific basis of maturation culture and technology of whisker catfish reproduction (*Micronema bleekeri*). D. Diss., University Cantho. 25 pages..

Verreth J.A.J., Eding E.H., 1993: European farming industry of African Catfish (*Clarias gariepinus*): facts and figures. Aquaculture Europe, 18 (2): 6-13.

Vishwanath W., Nebeshwar K., 2009: Redescription of siluroid Catfish *Pterocryptis barakensis* Vishwanath & Nebeshwar (Siluriformes: Siluridae). Journal of Threatened Taxa, 1 (8): 425-428.

Volz J., 1995: Über das natürliche Vorkommen des Welses (*Silurus glanis*) im Niederländischen Rheindelta. Fischökologie, 7: 61-70.

Wadhar G.M., Narejo N.T., Mahar G.M., Dars B.A., 2013: Age and growth study of Fresh water shark, *Wallago attu* (Bloch and Schneider) from Manchar Lake, District Jamshoro, Sindh, Pakistan. Sindh Univ. Res. J., 45 (2): 411-416.

Watanabe K., Uyeno T., Mori S., 1998: Fossil record of a silurid catfish from the Middle Miocene Sanuki Group of Ohkawa, Kagawa Prefecture, Japan. Ichthyological Research, 45 (4): 341-345.

Wedekind H., Wirth M., Rennert B., 2002: Einfluss einer fettreichen Fütterung auf Wachstum, Körperzusammensetzung und Fleischqualität bei Europäischen Welsen (*Silurus glanis*) unter Teichbedingungen. Fischer & Teichwirt, 53 (8): 290-292.

Yalçin Ş., Solak K., Akyurt I., 2001: Certain Reproductive Characteristics of the Catfish (*Clarias gariepinus* Burchell, 1822) Living in the River Asi, Turkey. Turk. J. Zool., 25: 453-460.

Fachbücher:

168 Seiten, ISBN 3-902855-28-2

248 Seiten, ISBN 3-902855-06-0

168 Seiten, ISBN 3-902855-19-0

188 Seiten, ISBN 3-902855-20-6

Im Buchhandel oder bei: ***AquaTech** Publications*

www.aqua-tech.eu

ENGEL NETZE
Beste Qualität seit 1951
Kontakt:
ENGEL-NETZE® GmbH & Co. KG
Carsten-Börger-Str. 5
27572 Bremerhaven
Deutschland
Tel.: +49 (0) 471 9730440
Fax: +49 (0) 471 9730460
Mail: verkauf@engelnetze.com
www.engelnetze.com
Europas größte Auswahl!
Doppelreusen | Flügelreusen | Großreusen | Aalkörbe
Stellnetze | Stellnetzblätter | Leinen | Blei
Unser komplettes Sortiment finden Sie auf
www.engelnetze.com
Ihr Partner für Fischerei, Industrie und Freizeit
Individuelle Lösungen rund um Netze, Tauwerk und Drahtseile
www.engelnetze.com